U0430836

Seashells & Human Beings

海贝与人类

主编◎杨立敏　文稿编撰◎史令　王晓霞　张素萍　图片统筹◎郭利

中国海洋大学出版社
·青岛·

“神奇的海贝”丛书

“神奇的海贝”，带你走进五彩缤纷的海贝世界

亲爱的青少年朋友，当你漫步海边，可曾俯身捡拾海滩上的零星海贝？当你在礁石上玩耍时，可曾想到有多少种海贝以此为家？当你参观贝类博物馆时，千姿百态的贝壳可曾让你流连忘返？来，“神奇的海贝”丛书，带你走进五彩缤纷的海贝世界。

贝类，又称软体动物。目前全球已知的贝类有11万余种，其中绝大多数为海贝。海贝是海洋生物多样性的重要组成部分，其中很多种类具有较高的经济、科研和观赏价值，它们有的可食用，有的可药用，有的可观赏和收藏。海贝与人类的生活密切相关，早在新石器时代，人们就开始观察和利用贝类了。在人类社会的发展进程中，海贝一直点缀着人类的生活，也丰富着人类的文化。

我国是海洋大国，拥有漫长的海岸线，跨越热带、亚热带和温带三个气候带，有南海、东海、黄海和渤海四大海区，管辖的海域垂直深度从潮间带延伸至千米以上。各海区沿岸潮间带和近海生态环境差异很大，不同海洋环境中生活着不同的贝类。据初步统计，我国已发现的海贝有4000余种。

现在，国内已出版了许多海贝相关书籍，但专门为青少年编写的集知识性和趣味性于一体的海贝知识丛书并不多见。为了普及海洋贝类知识，让更多的人认识海贝、了解海贝，我们为青少年朋友编写了这套科普读物——“神奇的海贝”丛书。这套丛书图文并茂，将为你全方位地呈现海贝知识。

“神奇的海贝”丛书分为《初识海贝》《海贝生存术》《海贝与人类》《海贝传奇》《海贝采集与收藏》五册，从不同角度对海贝进行了较全面的介绍，向你展示了一个神奇的海贝世界。《初识海贝》展示了海贝家族的概貌，系统地呈现了海贝现存的七个纲以及各纲的主要特征等，可使你对海贝世界形成初步印象。《海贝生存术》按照海贝的生存方式和生活类型，介绍了海贝在错综复杂的生态环境中所具备的生存本领，在讲述时还配以名片夹来介绍一些常见海贝。《海贝与人类》揭示了海贝与人类物质生活和精神生活等方面的关系，着重介绍了海贝在衣、食、住、行、乐等方面所具有的价值。《海贝传奇》则选取了10余种具有传奇色彩的海贝进行专门介绍，它们有的身世显赫，有的造型奇特，有的色彩缤纷。《海贝采集与收藏》系统讲述了海贝的生存环境、海贝采集方式和寻贝方法，介绍了一些著名的采贝胜地，讲解了海贝收藏的基本要领，带你进入一个海贝采集和收藏的世界。丛书中生动的故事和精美的图片，定会让你了解到一个精彩纷呈的海贝世界。

丛书中的许多图片由张素萍、曲学存、王洋、尉鹏、吴景雨、史令和陈瑾等提供。另有部分图片是用中国科学院海洋生物标本馆收藏的贝类标本所拍摄，在此一并表示感谢！限于水平，书中难免存在不当之处，敬请大家批评指正。

张素萍

2015年2月，于青岛

前言
Preface

什么样的幸运才使我们生活在这颗蔚蓝的星球？什么样的机遇才使我们见证这自然的瑰丽？人类有着几百万年的历史，虽然与很多物种相比仍然非常短暂，但人类独有的智慧使其在生产和生活中不断地探索、发现以及领略万物之美。在浩瀚的海洋世界里，有一个类群造型最异、颜色最美、花纹最奇、分布最广、与人类的关系最为密切，它们就是海贝。

随手拿起一枚莹润的海贝壳，你可意识到它们中有的成员在千百年前曾用作钱币甚至昂贵得堪比金银？当陶醉于扇贝柱鲜香的美味时，你可猜到那其实是扇贝的闭壳肌？当吃完鲍肉随手丢弃鲍壳的时候，你可知道那鲍壳可入药（称石决明）？当欣赏青岛东方影都的奇妙造型时，你可曾想到它的设计灵感居然来自海贝？

海贝，是来自大海的精灵，是天生的建筑师，是创意无限的艺术家。它们精巧、漂亮，似乎离我们的生活很远，但其实早已潜移默化地存在于我们生活的方方面面。衣食住行、艺术风俗、宗教信仰……海贝与人类的关系早已是千丝万缕。那就让我们一起打开这本《海贝与人类》，看看海贝在人类文明中书写的华彩篇章吧。

另外，本书的原始图片由张素萍、曲学存、王洋、史令，以及青岛市贝壳博物馆、胶州市少海小学等提供，在此一一致谢。

目 录
Contents

海贝细语 —— 物质篇

贝海奇韵 —— 精神篇

海贝细语——物质篇

海贝，这些来自大海的精灵，是海洋对人类的一大馈赠。远在新石器时代，人类就已经在观察和利用海贝了。随着文明的不断演进，海贝以其独具的魅力丰富着人类的生活。人类利用海贝奇特无比的造型、赏心悦目的色彩、绝妙精美的花纹，通过自己的精巧加工，使其在人类物质和文化生活的诸多方面都写下了浓墨重彩的一笔。

币

贝者，水虫，古人取其甲以为货，如今之用钱然。

—— [唐] 孔颖达《尚书注疏 · 盘庚中》

贝币史话

货币，俗称“钱”，货币最早产生于物物交换的时代。早在原始社会，人们就用以物易物的方式，来换取自己所需要的物品，比如拿一把石斧换一只羊。但是有时候人们受限于交换的物品种类，不得不寻求一种交换双方都能够接受的物品。这种物品就是最原始的实物货币。据史料记载，像贝壳、动物的毛皮、珠玉等都曾被早期人类当作实物货币使用。而这其中出现最早、使用最广泛、延续时间最长的要数天然贝壳了。

贝币

贝币溯源

从默默无闻的海洋贝类到富有价值的流通货币，贝壳具体是在什么时候实现这一华丽变身的呢？据古籍记载，早在夏代，我国就已经把贝壳当作货币了，我们称其为“贝币”。1975年，考古学家在河南洛阳偃师二里头遗址发掘了10余枚天然海贝壳和仿制的骨贝与石贝，这也是我国历史上首次发现夏代贝币。

到了商周时期，贝币继续流通。在商代中期之前，海贝壳的价值是非常高的，如果一个臣子能够得到商王赏赐的贝壳，那将是极大的荣耀。商代晚期之后，贝币的使用范围有所扩大，成为全国通用的货币。随着经济贸易的不断发展，常会出现贝币供不应求的现象。在这种情况下，人们便使用石头、兽骨，甚至玉、铜等材料，照着贝币的模样磨制打造相应的替代品。

天然贝币

商代

春秋

战国

贝币大规模退出货币舞台，是在秦始皇统一六国之后。随着秦始皇废除贝币诏令的下达，贝币渐渐被铜铸钱所取代。在其后的历代王朝中，贝币虽然已不再充当货币，但在中华大地上并没有完全退出历史舞台，在一些偏远的少数民族地区贝币仍然继续使用。地处祖国西南边疆、商品经济发展比中原地区迟缓的云南地区，直至春秋晚期全国已广泛使用金属铸币时，仍以海贝壳为货币。在当地，贝币在明代以前成为主要通货，直至明末清初才逐渐停止使用。

何以为贝？

为什么海贝壳能够摇身变为货币呢？我们都知道，远古时期的人类在面对神秘壮阔的海洋时，总会满怀敬畏。为了减少恐惧感，他们不仅创设了许许多多的海神形象，而且还将一些来自海洋的生物视为神灵之物，这其中就包括海贝。翻翻旧史，我们便会发现无论是夏商周王朝，还是云南古滇国，在他们各自的文化当中都将贝壳当作珍贵之物。将如此珍贵神秘的宝贝当作贵重的货币，对当时的人们来说，自然是情理之中的事。

货贝

环纹货贝

当然，海贝壳（用作货币的主要是货贝和环纹货贝）能够“入驻”货币之家，还有几个重要原因不得不提。一是它们外观光洁美丽，小巧玲珑，可用绳索串起来，便于携带；二是海贝本身有自然单位，便于计值计数；三是海贝壳质地坚硬，便于保管，在流通中也不宜损坏。

甲骨文里的“贝”字

海贝壳曾经作为货币存在的一大证据来自甲骨文。

在商代，王室为了占卜记事之便，便命人在龟甲或兽骨上面雕刻文字，而这些文字便是我国最古老的文字——甲骨文。甲骨文的构字方式多数是采用象形造字法，也就是说甲骨文能够突显出实物的特征，带有很明显的原始图画的痕迹。比如说“人”，在甲骨文中为、，其形态像极了侧身鞠躬的人。那么“贝”字，在甲骨文中是不是就是贝壳的形态呢？没错，“贝”字在甲骨文中为，左右两侧几近对称，均有“牙齿”。这样的文字形态就像一幅直白明了的简笔画，寥寥数笔便生动形象地勾勒出宝贝的腹部模样。

甲骨文

在商朝的甲骨文中，多有“取贝”（接受赏赐）、“赐贝”（赏赐）、“献贝”（进贡）、“囚贝”（殉葬）等字样。从这些字样中，可以看到当时上自国王、下至臣民用贝进行赏赐、支付、购买等方面的踪迹。

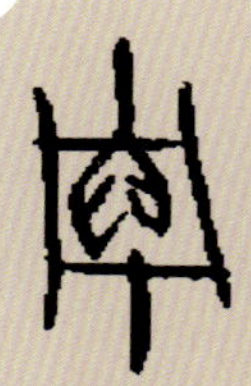

甲骨文“贮”字，其外围是一个方形的容器，里面放置着贝，即“将贝储藏在特制的方形的盒子里”。

甲骨文“宝”字，其上部是一处房屋，中部是一个贝，下部是两个玉串，即“藏在家中的珠贝玉石”。

甲骨文“买”字，其上部是一个类似于网的东西，下部是一个贝，即“用网装贝去购物”。

甲骨文“得”字，左半边是一个贝，右半边是一只手，即“拿到财富”。

另外，在汉字的构成中亦有充分的表现。商代是我国汉字形成和发展时期，因此许多涉及财货、价值、交换等方面的文字，均有贝字偏旁。例如，用于表示财富的有财、货、资、宝（寶）、贮等；用于交换活动的有买（買）、卖（賣）、贸、购、贾等；用于描述商品价值的有贵、贱、贬等；用于信用活动的有贷、赁、债、质等；用于人际钱财交往的有赠、赏、赐、贿、赂、贺、赡等；用于缴纳支付的有赋、贡、费等；用于经济活动的有账、负、贯、赚、赔、赢等；与钱财活动有关并具有贬义的有赌、贼、赃、贪、赖、赝等。甚至表示比较珍贵或者亲密的关系，也会用“宝贝”来形容。

小海贝大价值

别看海贝个头小小的，但在中国历史当中，它们是货币“始祖”。贝币的诞生彻底改变了人类的生活。我们都知道，在贝币诞生之前，我们的祖先就已经开始商贸往来了，但是仅局限于很小的范围之内。随着贝币的出现，人们的商贸往来不仅变得更为便利，而且交易范围也得到了极大的扩张。

究竟当时的商贸范围有多广阔？就让“贝壳之路”来告诉你吧。

“贝壳之路”，类似于我国历史上大名鼎鼎的“丝绸之路”，也是一条商贸往来、文化交融之路。“贝壳之路”形成于夏商周时期，考古学家根据在各地出土的夏商周时代的贝壳文物绘制了这样一条路线：自东南沿海一带出发，经贵州、四川再到青海、甘肃中部

地区，然后西行进入河西走廊。如此漫长的路线，不仅意味着贝壳早在夏商周时期就已经成为先民融会沟通的信物，而且意味着早在夏商周时代，我国各民族之间的经济文化交流就已经有一定的规模了。

荀子曾形容当时货物流通的情形说：“北海则有走马吠犬焉，然而中国得而畜使之；南海则有羽翮、齿革、曾青、丹干焉，然而中国得而财之；东海则有紫紶、鱼盐焉，然而中国得而衣食之；西海则有皮革、文旄焉，然而中国得而用之。故泽人足乎木，山人足乎鱼；农夫不斫削、不陶冶而足械用，工贾不耕田而足菽粟。”（《荀子·王制》）由此可见当时商业的兴盛，而这自然在很大程度上得益于贝币的流通。

海贝，身为货币的“始祖”，在人类历史上留下了重重的一笔。体形娇小的它们，推动了经济贸易的发展，也促进了人类社会文化的繁荣。

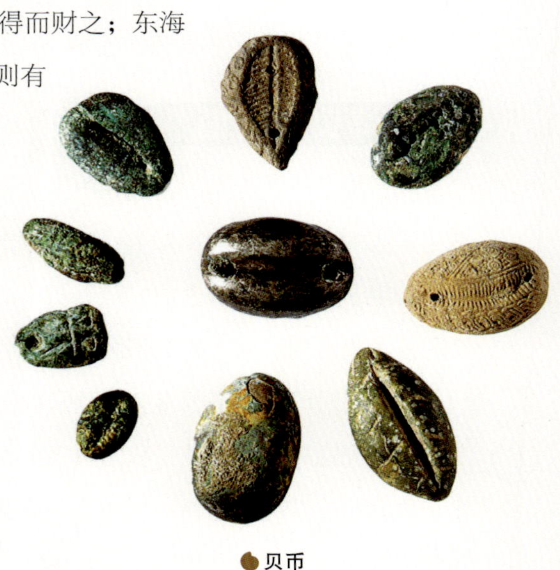

贝币

贝币家族

是不是所有的天然海贝壳都能充当货币呢？当然不是。在人类历史上，充当过贝币的海贝壳来自拟枣贝、虎斑宝贝、阿文绶贝、环纹货贝和货贝等，其中，最常见、最通行的海贝是货贝和环纹货贝。它们大多分布于印度–西太平洋暖水区，在我国见于台湾海域、南海。

贝币家族的明星们

货贝

货贝，又名黄宝螺。贝壳个体小，近卵形，两侧有棱角，背部中央隆起，表面呈鲜黄色或淡黄色，富有光泽，常有2～3条不太明显的灰绿色横带。壳口窄长，两侧唇齿短而粗壮。生活在潮间带中、低潮区的珊瑚礁或岩礁间。

货贝

生活在珊瑚礁间的货贝

环纹货贝

环纹货贝，又名金环宝螺。它跟货贝长得非常相似，近卵状，背部也比较鼓凸，壳面也光滑亮丽。那么，怎样区分它们呢？瞧，环纹货贝的背部有一圈金黄色的环纹，环纹在贝壳两端中断，留有缺口。壳面多呈白色、灰白色或淡蓝色。环纹货贝一般栖息于潮间带至浅海珊瑚礁和岩礁间。

环纹货贝

拟枣贝

拟枣贝，又名爱龙宝螺。贝壳近圆筒形或长卵形，壳面颜色多为灰蓝色或灰绿色。仔细观察你会发现它几乎浑身长满了褐色小斑点，在它的背部常有一大块棕褐色的斑，在它的两侧边缘有黑褐色的斑块或斑点。壳口附近多为淡黄色或灰白色，两侧唇齿粗而短。

为了携带方便，人们常常在海贝的背部磨凿一个小孔，以便于将大量的海贝用绳子串起来。有意思的是，到了春秋战国时期，人们干脆直接把海贝的背部磨平，俗称磨背式海贝。

用绳子串起来的贝币

拟枣贝

贝的计量——“朋贝制”

贝币具体是怎样计算的呢？什么样的贝币更值钱呢？

早在商周时期，贝币的计算单位就已经是“朋”了。以数计值，个数越多价值越高。关于“一朋有多少枚贝币”的问题，古人有2枚、5枚、10枚之说，而据郭沫若先生的考证，一朋相当于10枚贝币。例如，商王武丁配偶妇好的墓葬除了仪仗、工具、用品、饰件、杂器等755件殉玉外，还有贝币7000枚，即700朋贝。若按相关铭文记载，西周裘卫用值80朋贝的瑾璋（即玉质礼器）换了矩伯的10块田计算，妇好700朋贝可换近90块田，可见其财富之巨。

贝币在海外

贝币是否只在中国出现呢？答案是否定的。除了中国外，考古学家还在非洲、北美洲的一些国家，以及古代波斯湾、南亚、太平洋岛国、澳大利亚等地发现了贝币的身影。在非洲，19世纪之前，贝币是当地人民普遍使用的货币。西非许多国家在沦为欧洲殖民地之前，都一直使用贝币，之后才被迫使用欧洲货币。据说，欧洲人在对西非人进行奴隶买卖

小·贴·士

蚁鼻钱

蚁鼻钱，是一种有文铜贝。始铸于春秋末年，主要流通于楚国及长江中下游一带。这款由青铜铸造的货币，外形酷似海贝，正面突起，背面磨平。在其正面刻有字，最常见的是“咒”和“紊”字。

刻有“紊”字的铜贝，大多铸造于春秋末年，其钱体上尖下圆，面凸，背平，阴文“紊”字形就如同一只蚂蚁爬在鼻子上，故后人称之为“蚁鼻钱”。刻有“咒”字的铜贝，大多铸造于战国中晚期，其钱体与蚁鼻钱相同。因为“咒”字仿佛是一个鬼脸，所以后人称之为“鬼脸钱”。后来，人们将有文字的铜贝统称为蚁鼻钱。所谓“蚁鼻”本喻轻小，蚁鼻钱就是小钱。

时，所使用的货币也是贝币。在当时，大约30枚贝币就能够买一名奴隶。关于贝币，在非洲历史上还有过一次“起死回生”：20世纪时，欧洲货币在西非急速贬值，西非各国人民为保障自身的合法权益，便团结起来抵制欧洲货币，恢复使用他们的传统货币——贝币。在东南亚，到泰国曼谷国立博物馆的泰国货币历史展览室中转一转，就可以看到从素可泰早期的遗迹中发掘到的宝贝货币。

时至今日，贝币虽然已经不作为货币流通，但是其对人类的影响并未消失。在一些岛国，他们发行的货币仍印有贝类的图案。比如位于大洋洲的瓦努阿图共和国，就发行了一套带有鹦鹉螺图案的钱币。

加纳共和国钱币

瓦努阿图共和国钱币

食

我第一次吃西施舌是在青岛顺兴楼席上，一大碗清汤，浮着一层尖尖的白白的东西，初不知为何物，主人曰是乃西施舌，含在口中有滑嫩柔软的感觉，尝试之下果然名不虚传……

——梁实秋《雅舍谈吃》

舌尖上的海贝

人们常常用“山珍海味”来形容美食，而海贝则是海味里的天然味精。吃海贝是为了“尝鲜”而非“果腹”，讲究的就是那股天然海水酝酿出来的鲜美之味。从古到今，海贝都以其独特的美味和丰富的营养，成为人类美食百花园里的一道精彩亮丽的风景。

牡蛎

象拔蚌刺身

扇贝

蛤蜊蒸蛋

大部分的海贝不像鱼翅、燕窝那样价高难求，而是能非常平易近人地走进寻常百姓家。在沿海居民的餐桌上，经常见到海贝的身影。你知道下面这些美食都是什么海贝做的吗？

茄汁鲍鱼

章鱼小丸子

烤鱿鱼

物美价廉的蛤蜊

“蛤蜊”是一些双壳类海贝的俗称，常见的有文蛤、短文蛤、菲律宾蛤仔、青蛤、中国蛤蜊等，颜色有褐、有白，也有紫黄、红紫等。它们生活于潮间带至浅海泥沙滩中，旧时每逢阴历的初一、十五落潮，沿海的居民就会去海滩挖掘这一海味来解馋。历史上胶东半岛居民有食用蛤蜊的习惯，江苏民间更是有“吃了蛤蜊肉，百味都失灵”的说法。

青岛人“吃蛤蜊，哈（喝）啤酒”是出了名的，尤其是在夏天，从酒店、啤酒馆到家庭餐桌，蛤蜊都是最为常见的一道美食。蛤蜊因其味道鲜美、价格亲民而广受欢迎。

蛤蜊不仅物美价廉，营养也很丰富。蛤蜊肉中含有丰富的钙、铁、锌元素，据《神农本草经疏》记载：“（蛤蜊）其性滋润而助津液，故能润五脏、止消渴，开胃也。”蛤蜊做法简单而多样，无论是炒、煮、拌、烤都很好吃。你都吃过哪些做法的蛤蜊呢？

炒蛤蜊

菲律宾蛤仔

"海中牛奶"——牡蛎

牡蛎俗称蚝、生蚝，闽南语中称为蚵仔，别名蛎黄、海蛎子等。其壳形态不规则，常随生活环境而变化，是生活在潮间带岩石岸至浅海的双壳类软体动物。鲜牡蛎肉大部分呈青白色，质地肥嫩，不但味道鲜美，而且有润肤美容、强身健体之功效。牡蛎是含锌较多的天然食品之一，据说每天只要吃两三个牡蛎就能满足一个人全天所需的锌元素。不但如此，牡蛎的钙含量接近牛奶，铁含量是牛奶的21倍，被誉为"海中牛奶"。

在西方，牡蛎被誉为"神赐魔食"；日本人则称它为"根之源"；在我国也有"南方之牡蛎，北方之熊掌"之说，它的受欢迎程度可见一斑。古今中外许多名人都对牡蛎情有独钟。拿破仑在征战中非常喜欢食用牡蛎，据说这样能使其保持旺盛的战斗力；大文豪巴尔扎克一天最多吃了144个牡蛎；我国唐代大诗人李白也有"天上地下，牡蛎独尊"的题句。由此可见，牡蛎早已"香名远扬"了。

炭烤牡蛎

小·贴·士

“蚝”门盛宴：爱尔兰戈尔韦国际牡蛎节

爱尔兰戈尔韦国际牡蛎节是开始最早、持续时间最长、最富传统特色、最具国际影响力的牡蛎节。戈尔韦市是爱尔兰的第四大城市，因盛产一种欧洲扁牡蛎而闻名于世。这种牡蛎生长在大西洋岸边，口感嫩滑鲜美。每年9月底至第二年的1月初是牡蛎收获的季节，当地居民以出产牡蛎而自豪，每年都会举办牡蛎节庆祝丰收，全城狂欢。

牡蛎节为期3天，最主要的活动是两个开牡蛎比赛——爱尔兰开牡蛎大赛和国际开牡蛎大赛，其他活动有牡蛎小姐选美比赛和狂欢嘉年华等。如果你是牡蛎的正牌吃货，这样的美食节不容错过。

秀色可餐的西施舌

西施、王昭君、杨玉环、貂蝉被誉为中国历史上的四大美女。在中国菜肴中也有以四大美女命名的四道美味佳肴，即西施舌、昭君鸭、贵妃鸡、貂蝉豆腐。其中西施舌就是贝类大家族中的一员。

西施舌是蛤蜊科中一种经济价值较高的双壳类，它个体大，呈圆三角形，壳面淡黄色，壳顶部光滑，呈紫色，十分美丽。其足部发达，为粉红色，形似舌头，故得名“西施舌”。

西施舌这一美名，不仅在于其外形，还源于其极高的营养价值。它肉白嫩肥厚、脆滑鲜美，含有丰富的蛋白质、维生素、无机盐以及人体必需的氨基酸等营养成分，因而在海味中久负盛名。

西施舌划黄金汤

蒜蓉粉丝蒸扇贝

秀外慧中的扇贝

扇贝，又名海扇，因其壳形似一把扇子而得名。扇贝闭壳肌（俗称“扇贝柱”）厚实，干制品称为“干贝”，是海中珍品，味道鲜美，营养丰富。扇贝种类很多，我国已发现50余种，且多数可以食用。它们主要生活于潮下带至水深百米以内的浅海，有的甚至可分布于水深数百米或千米以上的大洋深处。

在东西方食谱中，扇贝都是极受欢迎的食物。通常，扇贝只取闭壳肌作为食材。打开美丽的扇贝壳，乳白色的闭壳肌适于煎、蒸、焖、焗等多种做法，味道鲜美，有嚼劲。如果能用漂亮的扇贝壳作为菜肴的容器或者装饰品，就更加能引起食客的食欲了。

扇贝

韩式辣炒鱿鱼

麦穗鱿鱼

美味神秘的鱿鱼

鱿鱼，虽然习惯上被称作“鱼”，但它并不属于鱼类，而是贝类大家族的一员。鱿鱼的身体呈圆锥形，头大，颜色苍白而有暗褐色斑点。鱿鱼的脂肪含量不足1%，因此热量远远低于肉类食品。对于怕胖的人来说，吃鱿鱼是一种不错的选择。但是鱿鱼嘌呤含量较高，痛风患者不宜食用。

生活在深海里的巨型鱿鱼是世界上最大的无脊椎动物，它往往被当成恐怖的海怪写进故事里。鱿鱼神出鬼没，充满神秘色彩。它们有着进化完善的眼睛，视力相当好。

小·贴·士

“炒鱿鱼”

在生活中，我们常常用“炒鱿鱼”来委婉地形容一个人被辞退、解雇。这和美味的鱿鱼之间有什么联系呢？

从前，被解雇的人是没有任何地方可以申诉的，一旦接到老板的解雇通知，便只好卷起铺盖走人。那时候被雇用人的被褥都是自带的，离开时，当然要卷起自己的铺盖带走。对于被解雇的人来说，“开除”和“解雇”这类词是十分刺耳的，于是就有人用“卷铺盖”来代替。而烹炒鱿鱼时，每块切好的鱿鱼片都会因受热而从平直状慢慢卷成圆筒状，这个过程像极了卷铺盖。由此人们产生联想，就用“炒鱿鱼”代替“卷铺盖”表示被解雇和开除。现如今，“炒鱿鱼”除了有被辞退的意思外，也有个人主动请辞的意思，因此你也会听到这样一句：“我炒了老板鱿鱼啦！”

全身是宝的乌贼

乌贼，又称墨鱼、墨斗鱼，但它也不是鱼类，而是贝类大家族里的一员。它体内有墨囊，在紧急情况下会放出黑色的“烟幕”来自卫。其皮肤中有色素细胞，会随“情绪”的变化而改变颜色。乌贼还具有惊人的空中滑行能力，有时会跃出海面。

乌贼可以说全身都是宝。它的肉可食，不但鲜脆爽口，具有较高的营养价值，而且富有药用价值，是一种高蛋白、低脂肪的滋补食品；它墨囊里边的墨汁可为工业所用，墨囊同时也是一种药材；它的内壳，又名乌贼骨，是重要的中药材（药名：海螵蛸）；它的内脏可以榨制内脏油，是制革的好原料；它的眼珠也可制成眼球胶，是上等的胶合剂。

乌贼

墨鱼水饺

小·贴·士

你能分清章鱼、乌贼、鱿鱼吗？

鱿鱼属于软体动物门头足纲十腕总目。鱿鱼的胴部呈圆筒状，较为细长，末端呈红缨枪的枪尖样；有10条腕；体内有内骨骼。鱿鱼有吸盘。

乌贼属于软体动物门头足纲十腕总目，俗称墨鱼、墨斗鱼。乌贼的胴部呈袋状，有10条腕；体内有内骨骼。乌贼有吸盘，会喷墨。

章鱼属于软体动物门头足纲八腕总目，俗称八爪鱼、八蛸、八带。章鱼的胴部为球形，有8条腕，没有内骨骼，只有角质喙。章鱼有吸盘，会喷墨。

舌尖上的海贝杀手

并不是所有的海贝都能食用。有的海贝本身有毒，有的海贝一旦处理不当也会给人类带来不小的困扰，还有的海贝容易成为病毒传播的媒介。因此一定要仔细鉴别，多加小心。

织纹螺

织纹螺个体较小，多数长2~3厘米，螺旋部圆锥状，体螺层较大。其壳表面的纵、横螺肋交织成布纹状，因而得名“织纹螺”。织纹螺俗称“海瓜子”“海螺丝”“海丁”等。

不同花纹的纵肋织纹螺

其肉味鲜美，为很多人喜食，如纵肋织纹螺、半褶织纹螺、西格织纹螺、节织纹螺。但很遗憾，有些织纹螺体内常积累毒素——河鲀毒素。人们食用有毒的织纹螺后容易中毒，重者会死亡。在环境污染和赤潮发生的海区，织纹螺体内就会有毒素。尤其是夏季在沿海地区，吃织纹螺中毒的事件时有发生。

织纹螺的毒性主要来自它的食物。织纹螺通过进食动物的尸体和有毒的藻类等使毒素在体内慢慢积累。但不是所有的织纹螺都有毒，不同地区、不同品种、不同个体的织纹螺体内毒素含量也不同，有的仅季节性有毒。也许有人吃了很多年织纹螺没有问题，但也许有人仅仅食用1颗织纹螺就会有生命之危。2014年，我国食品药品监管总局发布《关于预防织纹螺食物中毒的风险警示》，明确规定“任何食品生产经营单位不得采购、加工和销售织纹螺”，并提醒公众“提高自我保护意识，不购买和食用织纹螺”。

● 织纹螺

纵肋织纹螺

半褶织纹螺

西格织纹螺

节织纹螺

食用织纹螺中毒后，发病非常迅速，往往5分钟就能出现症状，最长也就4个小时，然而目前还没有针对河鲀毒素的特效药。因此，我们经常会看到类似这样的报道：“2014年6月20日，福建一位老人在食用织纹螺后，10分钟后便出现中毒症状，在送往重症监护病房后也一直处于昏迷状态，很可能会成为植物人。”这位老人是不幸的，但还有一些人更加严重，他们甚至来不及经历“长时间的昏迷”就中毒身亡了。

毛蚶

毛蚶也是一些病毒的传播媒介，如甲肝病毒。毛蚶是双壳纲蚶科中常见的一种海贝，因为产量大、味道鲜美、价格便宜，所以是人们餐桌上的常见海鲜。其特征是壳灰白色，近方卵形，壳面膨胀，后端稍长，有放射肋30余条。其因外面被有一层褐色的毛状壳皮，故名毛蚶。

毛蚶在我国沿海都有分布，生活在低潮线附近至浅海泥沙中，在河流入海口附近的泥沙中也常常有分布。因此，如果河流卫生状况不佳，则入海口附近的毛蚶很容易受到

污染。如今的上海是现代化的大都市。但在几十年前，上海的卫生状况并不是很理想，很多居民会将排泄物倾倒进江河里，造成水体污染，其中一些排泄物含有甲肝病毒，于是在入海口附近很多毛蚶受到了污染。1987年年底，上海及附近的毛蚶大丰收，大量遭受污染携带甲肝病毒的毛蚶进入上海市场。加之当时上海市民食用方法不当（往往仅用开水泡一下，这种方式无法杀死甲肝病毒），于是导致上海在1988年爆发了史无前例的甲肝大流行。从1月中旬开始，大量的甲肝病人涌入医院，从每天的几十名、几百名很快发展到每天数千名。短短4个月时间就有超过30万人患上了甲肝。如此庞大的患病人群远远超过了上海医院的收治能力，于是很多仓库、学校、旅馆等都被临时用来接收病患。这一事件给人们造成了很大的恐慌，也给上海造成了巨大的损失。

不过，尽管毛蚶曾经引起了很严重的流行性疾病，但只要食用方法科学，还是比较安全的。只要选择来源正规的毛蚶并且彻底将其烧熟，便可轻松避免甲肝等疾病的困扰，安心享用这种美味的海贝了。

毛蚶

海贝养殖

既然海贝如此美味、富有营养，人类对海贝的需求量自然就很大了。单纯依靠海贝自然的繁殖、生长远远不能满足人类的需求。于是海贝养殖产业应运而生。

海贝牧场

我国是世界上最大的贝类养殖国，据统计，我国贝类年产量占世界贝类总产量的60％以上。一般而言，贝类养殖基地大都分布于沿海滩涂地带，尤其是那些能够充分满足贝类不同发育阶段的生理需求的滩涂。在这里，大约生长着300种海贝，其中养殖技术颇为成熟的种类有鲍、毛蚶、泥蚶、牡蛎、栉孔扇贝、海湾扇贝、文蛤、大竹蛏、缢蛏、菲律宾蛤仔、西施舌、中国蛤蜊等。

不同的海贝有着不同的生活习性。一个养殖基地，只有充分满足了海贝的生活需求才能获得丰收。现在，就让我们一起去了解一些海贝养殖的知识吧。

娇贵的鲍

鲍壳坚厚，扁而宽，形状有些像人的耳朵，所以也叫“海耳”。野生鲍现在数量已经很少了。通常情况下，它们只生活在低潮线附近至水深10~20米的浅海，每年的夏季就会

养殖鲍

小·贴·士

为什么鲍壳的颜色不一样呢?

鲍壳的颜色通常与所吃的食物有关。鲍的主食一般是龙须菜、紫菜、海带等藻类。由这些海藻的颜色，你就可以推论了。比如说，如果吃进去的是龙须菜和紫菜，那么鲍壳便呈红褐色；如果吃进去的是海带，鲍壳便呈深绿色。是不是很有趣呢?

爬到沿海的礁石上产卵。现在，人工养殖鲍已获成功。它们在生长过程中十分“娇气”，不仅要求水质干净、盐度适宜、藻类丛生的环境，而且还很“挑食”，对病害更是“敏感”得很。

有趣的是，鲍的“作息时间”和人类完全颠倒，它们白天“睡大觉”，只有晚上才开始吃东西。鲍喜欢吃一些藻类，如龙须菜、紫菜、海带。

在我国北方，常见的鲍主要是皱纹盘鲍。皱纹盘鲍壳螺层3层，从第2层到体螺层的边缘有1列高的凸起和孔，孔一般3～5个。在南方，常见的鲍则多为杂色鲍。杂色鲍壳的边缘有1行排列整齐的、逐渐增大的凸起和7～9个孔。

皱纹盘鲍

小·贴·士

真假鲍鱼干

在网络上，时常可以见到一些商家出售一些称为“九尾鲍”或“七星鲍”的干制“鲍鱼”，这些“鲍鱼干”价格相对较低，口感与普通的鲍鱼也接近，但并不是真正的鲍鱼，而是用多板纲的石鳖制作的“伪鲍鱼”。鲍和石鳖都喜欢吸附在石头上，它们在腹部都有一个发达的足，所以从腹部看起来，它们是有些相像的。但是鲍有一个完整的壳，而石鳖则在背部有着8块相互连接的背板。因此，在把软体部分剥离制成干品后，可以从剥离痕迹进行辨别——在背部，石鳖制作的“伪鲍鱼”有8块背板剥离形成的沟痕，而真正的鲍鱼干则是相对平滑的。

真鲍鱼干

假鲍鱼干

爱抱团的贻贝

早在14世纪，法国人就已经开始养殖贻贝了。在我国贻贝的养殖始于1955年。我国第一个贻贝养殖场位于广东海丰县，最初养殖的贻贝品种为翡翠股贻贝，之后又新增了两个品种——紫贻贝和厚壳贻贝。1958年，贻贝养殖技术从广东推广至全国沿海地区。

紫贻贝

贻贝中比较常见的有紫贻贝、厚壳贻贝和翡翠股贻贝，这三种贻贝都具有很高的经济价值，在我国均已开展了人工养殖。在北方最常见的是紫贻贝，也被称为“海红”。在南方，比较常见的为翡翠股贻贝。人们习惯于将贻贝的肉挖出，煮熟晒干食用。其干制品被称为“淡菜”。贻贝肉味鲜美，营养价值高，对促进新陈代谢、保证身体营养供给具有积极作用，其干品的蛋白质含量达59%，因此被人们称为“海中鸡蛋”。

贻贝是以足丝附着生活的海贝，喜群居，常常成群结队地栖息在水流畅通、饵料丰富、风浪不大的水域。在生存条件适宜的情况下，其生长速度很快，一年可长60毫米。在一年四季当中，春、秋两季是贻贝生长速度最快的时候。

成群结队的贻贝

翡翠股贻贝

寻找贝丘往事

早在远古时代，居住在中国沿海地区和岛屿的先民就已经掌握渡海技术，开发和利用海洋蛋白资源了。至今尚存的大量贝丘遗址，如珍珠串一般，散落在中国滨海南北漫长的海岸线上，为我们诉说着当年人类与海洋亲密接触、以海为生的历史。

贝丘遗址

所谓贝丘遗址，主要是由当时人们食用后所抛弃的贝壳和人类的栖息遗址所组成的。有的贝丘遗址的贝壳堆积厚度甚至有1米多高，可见当时在贝丘遗址所在地区生活的人们肉食的主要来源之一就是贝类。

贝丘遗址一般分布在沿海、湖泊周边及河流沿岸。沿海的贝丘遗址多以海洋贝类的壳为主，而靠近湖泊、河流的贝丘遗址多以淡水贝类的壳为主。在新石器时代的贝丘遗址中，往往还同时出土有渔猎工具。因此，贝丘亦是石器时代海洋渔猎的历史证据，更确切地说它代表着海洋文明的起源。

目前我国已经发现的比较典型的贝丘遗址有广西东兴贝丘遗址，海南三亚落笔洞、东方、乐东贝丘遗址，广东珠江三角洲地区贝丘遗址，福建富国墩贝冢遗址，浙江余姚河姆渡遗址和舟山群岛新石器时代遗址，山东烟台、威海贝丘遗址，以及辽东半岛沿海的小珠山遗址，等等。

贝丘人及其生活

贝丘人以一个家族或一个氏族为单位住在一起，生活在滨海的小山坡上。他们采捕贝类和鱼虾，对自然界的依赖性很大，只能在风平浪静的情况下进行，单次所获量不高，故不能将贝类和鱼虾作为主食。因此，他们一面上山务农、一面下海渔猎。

在贝丘遗址中，所见到的物器十分丰富，既有牡蛎、绣凹螺、荔枝螺、红螺、耳螺、蝾螺、蜓螺、东风螺、毛蚶、泥蚶、文蛤、魁蛤、青蛤、紫石房蛤、伊豆布目蛤、砂海螂、海蚬等大量的海生食物遗骸， 又有网坠、骨鱼卡、蚌器、海参形罐器、陶器、打制石器、磨制石器、航海的木桨等生产、生活用具。这表明我国沿海先民在得天独厚的自然条件下创造了灿烂的海洋文化。

贝丘人能在沿海长久地生活并且以贝类为食，有以下3个原因。一是当时浅海滩涂的贝类资源极为丰富。二是采拾贝类无须多少工具和劳力，一般徒手拾采即可，年长者和小孩均可从事此项劳动。因此，采拾贝类是当时最适合的一种生产活动。三是贝类味道鲜美，营养丰富。

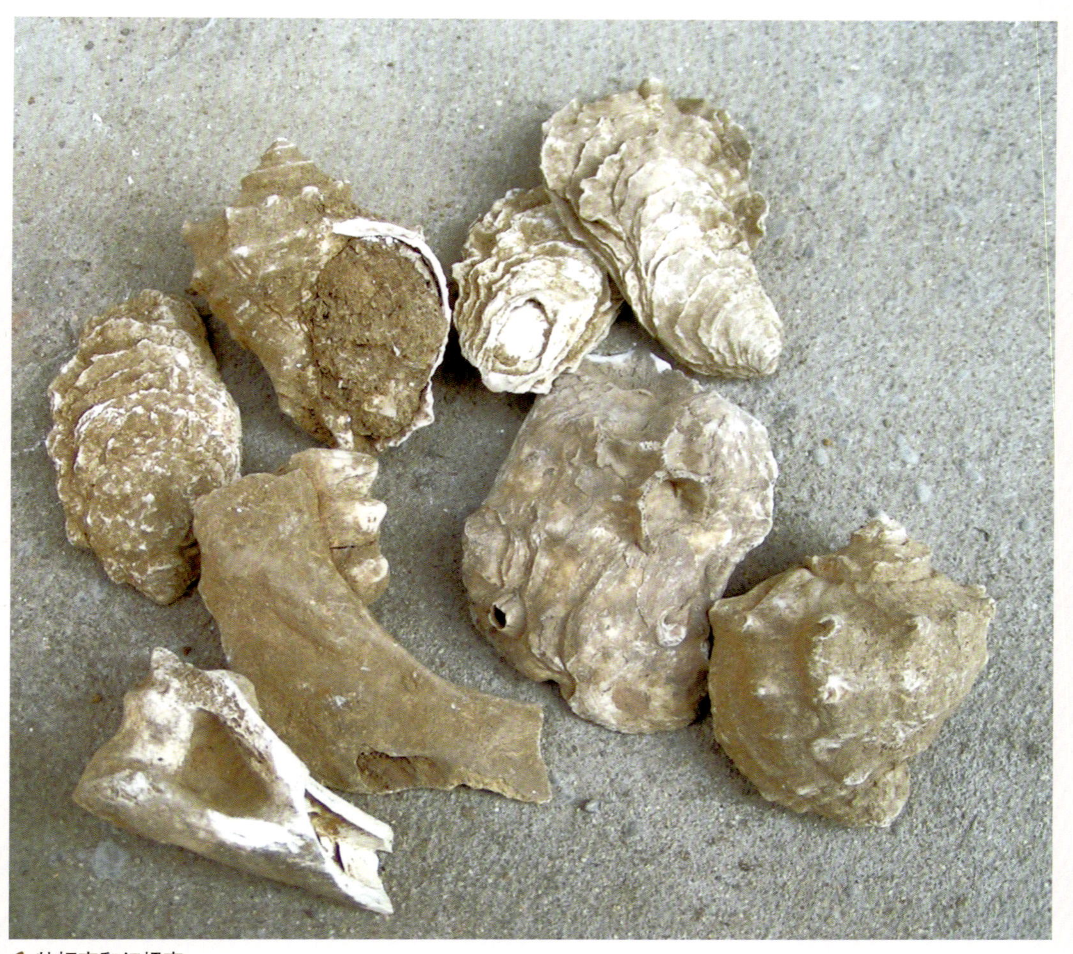

牡蛎壳和红螺壳

螺，蚌属也。大者如斗，出日南涨海中。香螺厣可杂甲香，老钿螺光彩可饰镜背者，红螺色微红，青螺色如翡翠，蓼螺味辛如蓼，紫贝螺即紫贝也……

——[明] 李时珍《本草纲目》

千奇百怪的药用海贝

中医讲究食药同源，有不少海贝不仅是美味佳肴，更是治疗疾病的良药。海贝药用在我国有着悠久的历史。我国最早的药物专著《神农本草经》已收载文蛤、海蛤、牡蛎、马刀、贝子、乌贼骨、蛞蝓7种；六朝陶弘景的《本草经集注》又增加了魁蛤、石决明、涡螺等5种；李时珍的《本草纲目》收载贝类29种；而《中华人民共和国药典》中也收录了不少于19种可供入药的贝类与数十种含有贝类成分的方剂。

传统的贝类药用部分主要是壳，即贝壳。贝壳的主要成分为碳酸钙。古代医药典籍记载，贝壳主要有滋阴清热、安神定志、平肝潜阳、化痰止咳、强壮滋补等功效。不同贝类的壳往往含有不同的微量元素与蛋白质等有机物，因此在疗效上会有些差别。

常见的海贝药材

珍珠

珍珠不仅可用于装饰佩戴，更可入药。虽然一些淡水蚌类也出产珍珠，但来自马氏珠母贝的海产珍珠才为上品。马氏珠母贝附着于自低潮线附近到水深约10米的泥沙、岩礁或石砾较多的海底，在我国分布于东海、南海。此种产的珍珠质地最佳，为著名的南珠。马氏珠母贝两壳稍不等，左壳更凸，后耳明显大于前耳，壳表面淡黄色或灰褐色，壳内部珍珠层厚实、光泽强。一般将珍珠打磨成粉，搭配其他药物使用。据记载，珍珠性味甘、咸、寒，归心、肝经，具有安神定惊、明目消翳、解毒养颜的功能，可用于治疗惊悸失眠、惊风癫痫、目生云翳、疮疡不敛。马氏珠母贝的珍珠层亦可直接磨成粉作为“珍珠层粉”入药，疗效与珍珠相近且价格更为便宜。

市面上以珍珠为药方的常见药剂是七十味珍珠丸。此药由珍珠、檀香、降香等70味药材合成，具有安神镇静、通经活络、调和气血、醒脑开窍的功效。从名字就可看出，珍珠在此药中的地位是非常重要的。

马氏珠母贝

石决明

石决明是由一些鲍的壳制成的中药，主要采自皱纹盘鲍、杂色鲍、羊鲍、澳洲鲍、耳鲍或白鲍。其性味咸、寒，归肝经，具有平肝潜阳、清肝明目的功能，可以参与治疗头痛眩晕、目赤翳障、视物昏花、青盲雀目。有一方良药叫明目地黄丸，有滋肾养肝明目之功效，虽然名曰“地黄丸”，但里面煅石决明不可或缺。

取自皱纹盘鲍的石决明

皱纹盘鲍壳
图片由曲学存提供

小·贴·士

皱纹盘鲍

皱纹盘鲍是一种重要的海产贝类。其壳低矮扁平，螺层少，螺旋部低小，体螺层及壳口极大，边缘具1列凸起和孔。成体无厣。主要产自我国北部沿海，山东、辽宁产量较多。市场上也称其为“大连鲍”。皱纹盘鲍可以长到10多厘米，市场上常见6～10厘米的个体。

海螵蛸

海螵蛸是乌贼的内骨骼，主要来自乌贼科动物曼氏无针乌贼和金乌贼，亦有乌贼骨、墨鱼骨等的称呼。其气微腥，味微咸、涩，性温，归脾肾经。据古代医药典籍记载，其对吐血便血、创伤出血，遗精、赤白带下、血枯经闭，胃痛吐酸、湿疹疮疡有疗效。乌贼不但内骨骼可以入药，其墨囊对一些妇科疾病也有一定的疗效。

金乌贼　　海螵蛸

海螵蛸在药物生产方面应用很多，如乌贝散、化积口服液、安胃片、胃舒宁颗粒等都用到了海螵蛸。其中，乌贝散是以海螵蛸为主要原料辅以浙贝母与少量陈皮油制成的，有制酸止痛、收敛止血的功效。

在药店，我们还常常能见到名叫“海贝胃疡胶囊”的药品。如果将其与乌贝散仔细比对一番的话，便会发现它们的药物成分、主治功能都相近。它与乌贝散不同的地方在于，它是中西复方制剂，含有盐酸普鲁卡因等成分。

蛤壳

蛤壳也是一味常见的中药，主要取自青蛤。青蛤是一种重要的经济贝类，味道鲜美且价格不贵，是家常海鲜。这种双壳贝类的壳可以长到9厘米，但市面常见的大都较小，一般4~5厘米。其壳近圆形，表面的同心生长轮脉越向壳顶越细密。颜色为灰白色或淡黄色，外围若干圈轮脉常呈现紫色。青蛤一般在夏、秋两季捕捞。去肉、洗净、晒干而得蛤壳。据记载，蛤壳性味苦、咸、寒，归肺、肾、胃经，具有清热化痰、软坚化结、制酸止痛的功效，可用于治疗痰火咳嗽、胸胁疼痛、痰中带血、胃痛吞酸、湿疹、烫伤等。

蛤壳

青蛤

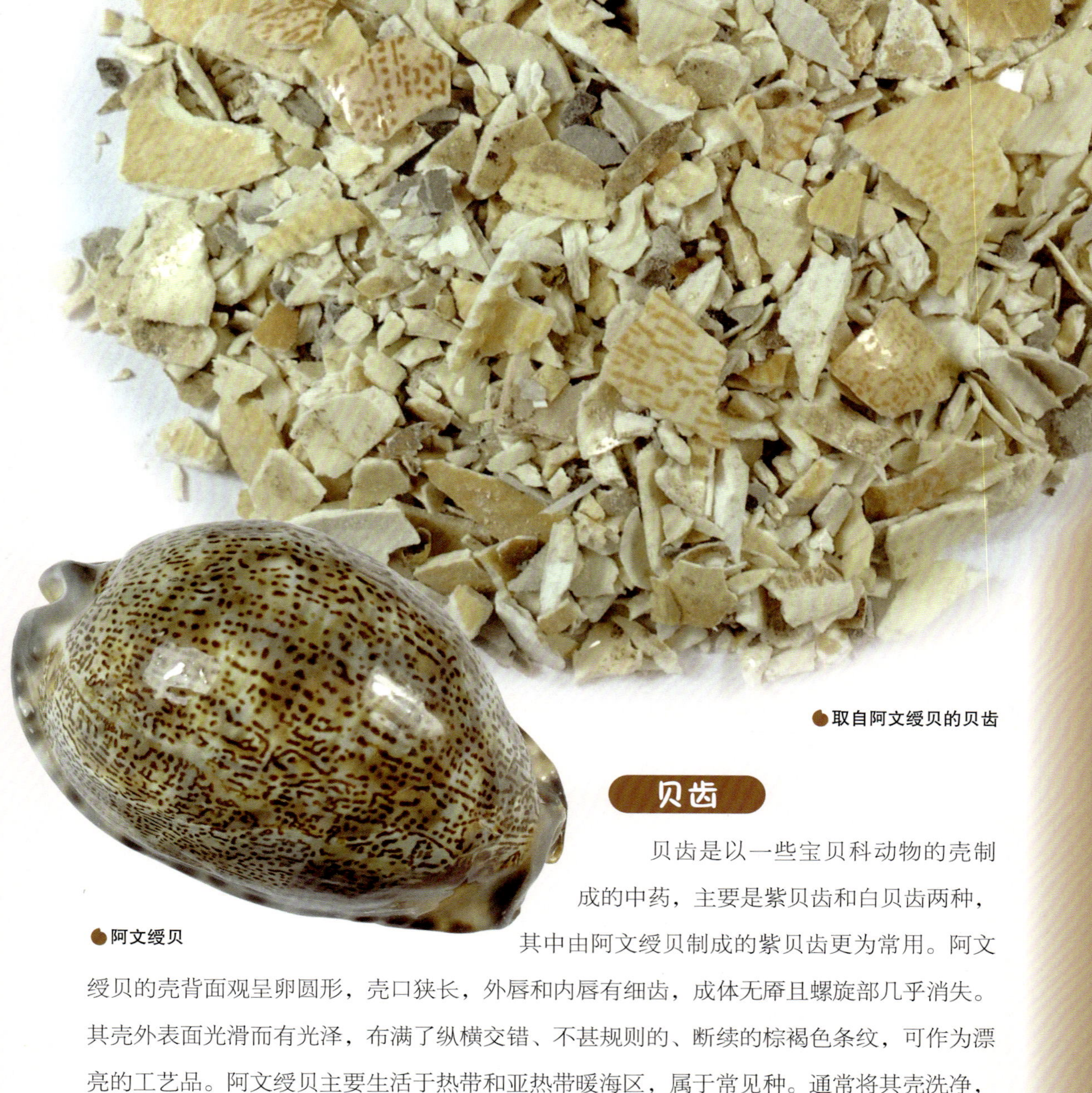

取自阿文绶贝的贝齿

阿文绶贝

贝齿

贝齿是以一些宝贝科动物的壳制成的中药，主要是紫贝齿和白贝齿两种，其中由阿文绶贝制成的紫贝齿更为常用。阿文绶贝的壳背面观呈卵圆形，壳口狭长，外唇和内唇有细齿，成体无厣且螺旋部几乎消失。其壳外表面光滑而有光泽，布满了纵横交错、不甚规则的、断续的棕褐色条纹，可作为漂亮的工艺品。阿文绶贝主要生活于热带和亚热带暖海区，属于常见种。通常将其壳洗净，晒干，捣碎入药。据记载，贝齿性味咸、平，归肝经，具有镇惊安神、清肝明目的功能，可用于治疗惊悸心烦、失眠多梦，以及小儿高热抽搐、肝火目赤翳障、眩晕头痛等。中药中很多方子含有贝齿，有些中医还用当归、黄连等进行搭配来治疗背部的溃烂化脓，也会用贝齿和珍珠一起磨粉混合治疗眼疾。

螺类入药

李时珍在《本草纲目》中提道："螺，蚌属也。大者如斗，出日南涨海中。香螺厣可杂甲香，老钿螺光彩可饰镜背者，红螺色微红，青螺色如翡翠，蓼螺味辛如蓼，紫贝螺即紫贝也。鹦鹉螺质白而紫，头如鸟形……"这里面提到的螺类都属于海贝。这些螺的壳和软体常常被人们拿来入食入药。

唐冠螺，是一种体形相对较大的海螺，因其形状像唐代的冠帽而得名。唐冠螺的壳大而且厚重，一般呈淡黄色或灰白色。其壳入药，据记载，具有软坚散结、制酸止痛之功效，一般用于治疗淋巴结核、胃酸过多、胃及十二指肠溃疡等症。

唐冠螺

骨螺的造型奇特，外形非常漂亮，不同种类的骨螺外貌很可能有着极大的差异。大多数骨螺的壳表面具有螺肋、结节、刺、长棘等。壳口呈圆形或卵圆形。骨螺的分布很广，从潮间带至水深3000米的海底均有分布，但多数生活在浅海泥沙、岩石或珊瑚礁间。其壳主要成分为碳酸钙，亦含有镁、铁、钾、磷、锌、锶、锰、铜等元素，据记载入药具有清热解毒、活血止痛之功效，用于治疗痈肿、中耳炎、疔疮、下肢溃疡等症。

马蹄螺，壳厚而坚实，形态多变化，有圆锥形、塔形等，珍珠层很厚。螺旋部较高，体螺层一般不膨大。四季可采，软体供食用，壳晒干入药。据记载，其壳性味咸、

骨螺

大马蹄螺

微寒，具有平肝潜阳之功效，可用于治疗高血压、头晕、头痛等。

蝾螺，壳呈螺旋形，坚硬厚实，表面隆起，珍珠层厚。螺旋部短，体螺层膨大。壳高与壳宽几乎相等。壳可以入药；厣亦可入药，称为“甲香”。其四季可采，软体可食，性味甘、寒、无毒，据记载有明目止痛之功效。

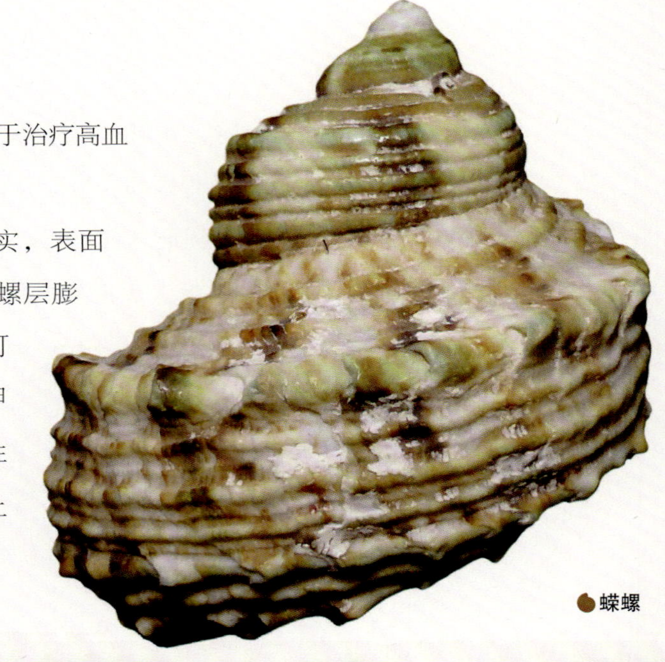

蝾螺

蝾螺

现代医学领域大显身手

随着科学的不断发展，技术的不断进步，海贝在现代医学领域发挥了越来越重要的作用。人们从海贝中提取出了能有效抵抗某些疾病的活性物质，为解决疑难杂症提供了新的思路，如近年来人们已经认识到了蛤素、缢蛏多糖等海贝的提取物在治疗癌症等方面的广阔前景。在现代医学领域，芋螺毒素的研究运用为人所熟知。

众所周知，某些蜈蚣、蛇、蝎子、蜘蛛等是剧毒携带者，但这丝毫不会影响它们成为救死扶伤的药材。在海贝中，芋螺也算得上是这样一类独特的物种，身携剧毒却也活跃于医学界。

芋螺，又叫鸡心螺，主要生活在热带海域。其种类很多，不同种有不同的色彩和花纹，是一类含有剧毒的海洋生物。外表美丽的芋螺皆为肉食性。多数芋螺捕食沙蚕类的环节动物，另有些芋螺主要以软体动物为食，还有些芋螺捕食小鱼！芋螺捕食的武器是一种呈鱼叉形的叫作“齿舌”的结构。齿舌内部中空，与毒腺相连。芋螺毒腺内的毒素是神经毒素，成分复杂。不同种类的芋螺毒素成分不尽相同。一些芋螺一次注射的毒素甚至可以毒死一个成年人。

关于芋螺毒素的研究，最早开始于20世纪50年代末。直至今日，科学家仍孜孜不倦地对其进行研究，试

芋螺

图将其更广泛地应用到医学领域。据悉，相比蛇、蝎等毒素而言，芋螺毒素更稳定、活性更高，副作用更少。

芋螺毒素，不仅对治疗癫痫、运动障碍、痉挛、精神障碍、心血管疾病、中风、抑郁等有重要的作用，而且适用于慢性疼痛、癌症、帕金森病等疾病的治疗。美国食品药品监督管理局已经将芋螺毒素列入晚期癌症患者使用的镇痛药物之中了，因为它与吗啡等镇痛药物相比来说，镇痛效果更好，且不会成瘾。

织锦芋螺
图片由曲学存提供

斑疹芋螺
图片由曲学存提供

地纹芋螺
图片由曲学存提供

将军芋螺
图片由曲学存提供

希伯来芋螺
图片由曲学存提供

他们带给我一个海螺。

它里面在讴歌， 一幅海图。

我的心儿， 涨满了水波，小鱼儿游了许多。

他们带给我一个海螺。

……

——[西班牙] 加西亚 · 洛尔迦

大海的歌唱家——海螺壳

自古以来，海螺壳的使用范围和场合都非常广泛。使用海螺壳制作的号角发出的浑厚悠扬的声音曾回旋在刀光剑影的战场，也曾在渔船之间此起彼伏。

海螺壳的发声原理

把一个稍大一些的海螺壳扣在耳边，能听到一些声音，宛如海风在耳边吹，潮水在耳边涌。有人说：那是来自大海的声音！还有人说：那声音来自远古！这些言语那么动人。然而，所有的海贝既不能自动发出声音，也不能储存声音。那么，这些声音是怎么产生的呢？我们听到的声音受多种因素的影响，既包括海螺壳内空气振动的影响，也包括环境声音的影响。这里不得不提一个物理现象——共振。共振是一个物体发生振动时，引起另一

个与之振动频率相同的物体发生振动的现象。环境中的声音扰动空气，导致海螺周围压力的变化，使得海螺壳口周围的空气往复运动，也刺激了海螺壳内空气的振动。海螺，对环境的声音进行了“过滤”和“放大”。“海的声音”就这样产生了。其实不需要海螺壳，即便在耳朵上扣一个杯子、瓶子，或者将手作掬水状扣在耳朵上，也能听到这样的“海的声音”。

海螺

海螺壳并不是天生的“百灵鸟”

我们都知道，只要在海螺的壳顶上穿一个孔，用嘴对着吹气，就能吹出声响了。那么，用海螺壳吹出来的声音真的那么悦耳吗？要想解决这个问题，我们可以借助一些乐理知识来分析一下。一般来说，吹奏乐器，其流通气体的管道横截面形状大多是圆形或接近圆形的，几乎没有棱角分明的方形或三角形的。这是为什么呢？根据宋应星《天工开物》的解释“凡器不圆者，其声多厉而不和”，我们可以知道，当空气进入管道横截面是方形或三角形的乐器中后，发出的声音并不美妙。由此可以推断出，形态很不规则的海螺，也是很难吹奏出十分悦耳的声音的。能发出浑厚、悠扬之声的海螺号角大都经过了人们后天的改良。因此，我们说海螺壳并不是一只天生的“百灵鸟”。

海螺号角

改良版海螺壳哨子

海螺号中的名角

哱罗

民族英雄戚继光在《纪效新书·号令》中曾经提道："凡吹哱罗，是要众兵起身。"何谓哱罗？哱罗就是古时军中的一种号角，是由海螺壳制作而成的。在古代，为方便调兵遣将，将士们主要是通过吹奏哱罗来传递军事信息的。例如，隋唐时期，程咬金在率领农民起义军时，就是用哱罗作号角来指挥骑兵部队冲锋陷阵的。

古代号角

古代号角

大法螺

法螺

法螺，主要生活在热带海域岩礁或珊瑚礁底质环境。它的壳很厚，坚硬不易碎。螺旋部高，呈锥状。体螺层膨大。在古代，法螺除了用作号角之外，还被用于制作藏传佛教的法器。

法螺具有吉祥的寓意，渔民在出海之前，都会吹奏用法螺壳做成的号角，以保佑平安。这一习惯延续至今。

法螺制成的响器

小·贴·士

珊瑚礁的小卫士

珊瑚的天敌是棘冠海星，而法螺则是这种海星的克星，是能与海星“叫板”的海贝。瑞士海洋动物摄影师库尔·安雷斯曾在法属波利尼西亚半岛珊瑚礁拍摄到法螺与海星的追逐战，以法螺吃掉海星为终。法螺对于保护珊瑚礁及保护珊瑚礁生物群落的生物多样性具有重要的生态学意义。因此，法螺被称为珊瑚礁的小卫士。

生活器具中的海贝身影

海贝器具是人类古老的生活劳作工具之一。从贝丘遗址中出土的海贝器具来看，有盛水的器皿、捕鱼的钓钩、烹饪的锅具，还有传递信息的号角等。这些都告诉我们，智慧的远古先民在当时就已经将海贝运用到生产和生活的方方面面了。即便在科技高度发达的今日，我们依然能从生活中找到不少海贝的身影。

“香螺酌美酒”

唐代诗人张籍在《流杯渠》诗中提到“渌酒白螺杯，随流去复回”；李白在《襄阳歌》中畅歌“鸬鹚杓，鹦鹉杯，百年三万六千日，一日须倾三百杯”。由此可以推断，海

可用作酒杯的香螺

螺壳曾经一度有着酒杯的功能。海螺壳致密，大的海螺壳能够盛放足够的酒。

海螺之所以可以当作酒杯，还与我国古代酒宴的饮酒习俗有一定关系。我国古代酒宴分为“礼饮”和“乐饮”两个时段。在“礼饮”时段，宴饮者需要按照礼仪依序敬酒。如果不小心失礼，就需要接受罚酒。为了体现惩罚的意思，罚酒时用的酒杯一定有容量大和增加饮尽难度的特点，而海螺壳正好具备了这些要素。首先，海螺壳的容量在酒器当中并不算小；其次，海螺壳独特的形状也增加了饮酒者饮尽酒的难度。故而，在“礼饮”时段，海螺酒杯往往成为人们罚酒的器具。“乐饮”时段，宴饮者可以不受礼仪的约束而开怀畅饮。这期间，为增加乐趣，大家会相互劝酒，将酒杯流转于众人之间。当然，劝酒时使用的酒具是非同一般的，通常应该满足以下3个条件：容量殊大、形制特异、材质珍奇。由此可以看出，海螺酒杯可谓是当之无愧的劝酒器具。究竟海螺酒杯有多合适？可以从元代王旭的《螺杯赋》中看到一些蛛丝马迹：“众传玩而称珍，咸叹息以摩挲。”大意是众人相互之间传着螺杯观赏把玩，都赞叹它是稀世珍宝。

海螺杯盏和鸬鹚杓

西方皇室鹦鹉螺杯

除了海螺之外，砗磲也常常被人们拿来制作酒杯。唐人苏鹗在《苏氏演义》一书中记载："魏武帝以玛瑙石为马勒，砗磲为酒碗。"可看出，曹操所使用的酒具就是由砗磲制成的。

天然收纳专家

海贝壳，由于其独特的形貌，天生就有充当存储器的优势。很多海贝的壳可以直接用作日常生活用具。例如，很多双壳贝类的壳可以用来充当吃饭用的碗或盆，盛装护手霜或擦脸油等的盒，或劳作时用的刮削器。海螺类的壳可以拿来栽培植物，用作花盆。体积较大的海螺如澳大利亚大香螺可以用作储存淡水的器皿，直到现在，巴布亚新几内亚岛国的居民还沿用这一传统。

如果问在这些存储器当中，哪种海贝的容量最大，那就非砗磲莫属了。砗磲壳，是名副其实的"贝壳之王"。砗磲不仅寿命很长，可存活数十年乃至上百年，而且个头非常大。如大砗磲，其壳长超过1米，体重可超过200千克。虽然现在由于过度捕捞，通常只能见到不足1米的较小个体，但大砗磲依然是最大的双壳纲海贝。砗磲壳如此厚重而又巨大，再加上其壳内部呈白色且富有光泽，很自然地成为人们喜爱

贝壳花盆

的日常生活器皿了。在菲律宾，沿海的居民常常将大的砗磲壳用作小孩子的浴盆，将小的砗磲用作花盆或鱼缸等。在马德拉群岛，人们习惯用砗磲壳存放食物。

砗磲花盆

砗磲

各式各样的贝壳器具

贝壳做的梳子

贝壳做的梳子

贝刀

砗磲鼻烟壶

贝壳花瓶

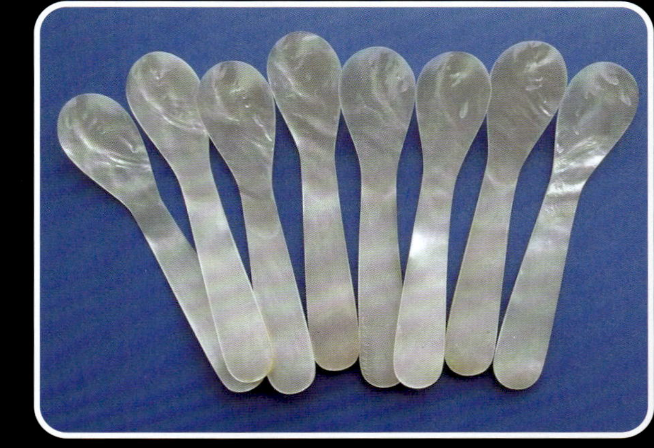

贝壳汤勺

贝壳笔筒

贝壳笔筒

贝壳花瓶

工

南海人以其蛎房砌墙，烧灰粉壁。

——[明] 李时珍《本草纲目》

海贝世界的“工农兵”

海贝可谓浑身是宝。其肉，食则美味无比，入药则滋补营养；其壳可以做容器、装饰品，甚至还能磨成粉，经过加工后在人类的生活中大显身手呢。

海贝中的强力胶——牡蛎胶合剂

当你在轮船底部发现一只牢牢固着在上面的牡蛎，并试图将它拽下来时，你会发现这真是一件体力活。有人曾经跟牡蛎较过劲，最终虽将牡蛎成功地挪了下来，却惊讶地发现这只牡蛎甚至把轮船底部的钢屑都粘了下来。

在唐代人们便发现了牡蛎的这一特性，并将其成功地应用到生活之中。据刘恂《岭表录异》一书记载，那时的岭南人民为了使盛放盐卤的竹篮更加密实不漏，就利用牡蛎的胶结性制成了一种名叫“蛎灰”的东西，用来黏结竹篮的缝隙。之后，人们又将牡蛎的这一特性广泛应用于建筑行业。

牡蛎

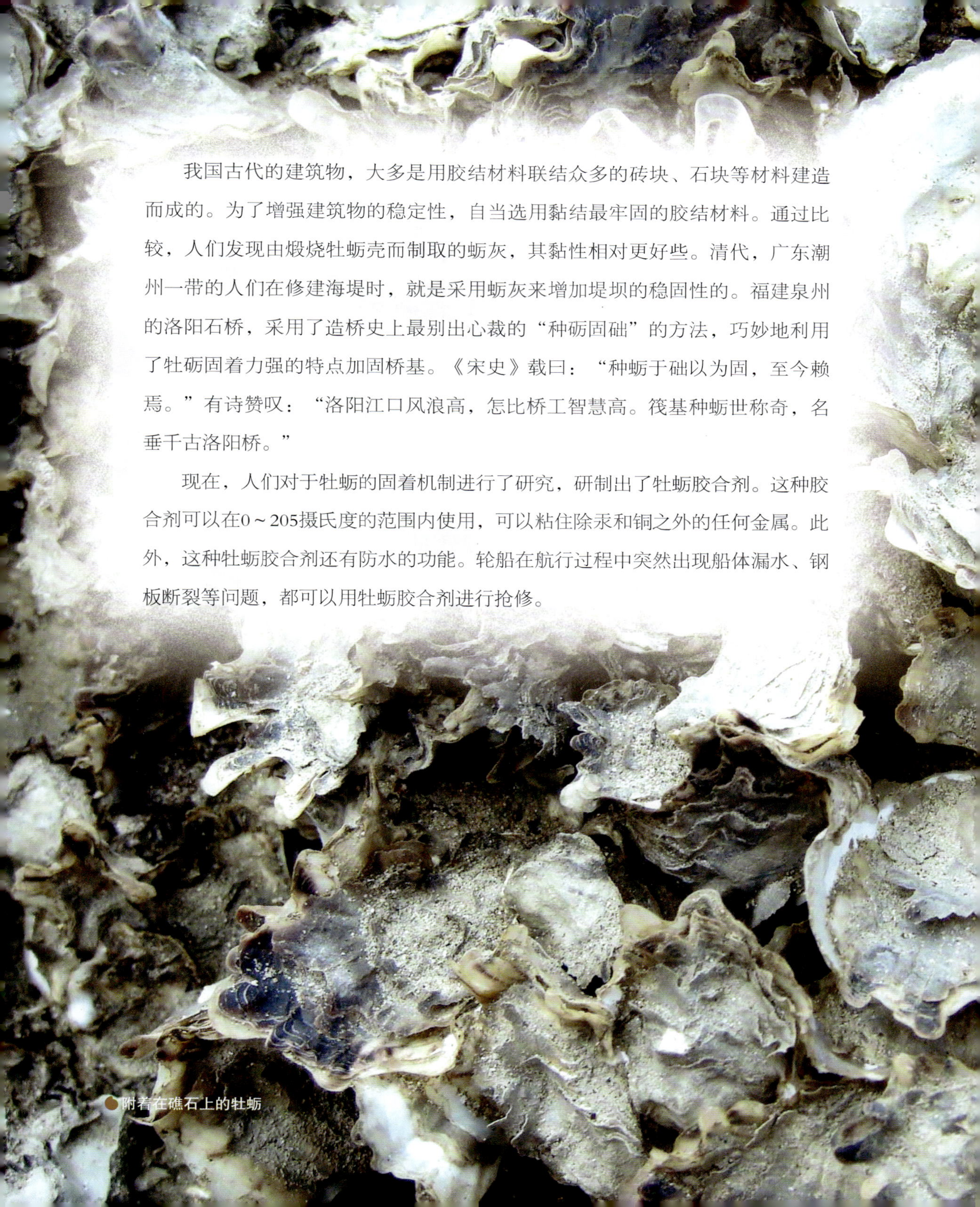

我国古代的建筑物，大多是用胶结材料联结众多的砖块、石块等材料建造而成的。为了增强建筑物的稳定性，自当选用黏结最牢固的胶结材料。通过比较，人们发现由煅烧牡蛎壳而制取的蛎灰，其黏性相对更好些。清代，广东潮州一带的人们在修建海堤时，就是采用蛎灰来增加堤坝的稳固性的。福建泉州的洛阳石桥，采用了造桥史上最别出心裁的“种砺固础”的方法，巧妙地利用了牡砺固着力强的特点加固桥基。《宋史》载曰：“种蛎于础以为固，至今赖焉。”有诗赞叹：“洛阳江口风浪高，怎比桥工智慧高。筏基种蛎世称奇，名垂千古洛阳桥。”

现在，人们对于牡蛎的固着机制进行了研究，研制出了牡蛎胶合剂。这种胶合剂可以在0～205摄氏度的范围内使用，可以粘住除汞和铜之外的任何金属。此外，这种牡蛎胶合剂还有防水的功能。轮船在航行过程中突然出现船体漏水、钢板断裂等问题，都可以用牡蛎胶合剂进行抢修。

附着在礁石上的牡蛎

消逝的明瓦

明瓦不是瓦，在古代用于窗户等处，其功用接近现代的玻璃。明瓦最早出现于宋代，在当时江南很普及，用量也大。制作明瓦是一项传统的手工艺。南京有条街就叫明瓦廊，明代时期工匠常按行业聚居，这条街集中了生产、销售明瓦的手工业者。清代道光年间，苏州明瓦行业还组织了联合会，称“明瓦公所”。

明瓦的主要材料为贝壳、羊角、天然云母片。其中常用的贝壳来源是海月蛤科

海月（窗贝）

拙政园见山楼上的明瓦窗

明瓦

镶有明瓦的窗户

中的海月。海月又名窗贝，壳较大，呈圆形或椭圆形，极薄，半透明，表面呈白色或乳白色，有的顶部微显浅紫色。在我国古代的建筑中，用明瓦镶嵌于屋顶或木格门窗上，有取光、保温和遮风之效。

镶嵌明瓦时，工艺极其讲究。首先需要用薄竹片编织成一个个网格，然后再将打磨好的明瓦由下往上依次镶入竹网中。为确保窗户不漏雨，一定要让上面的明瓦压住下面的明瓦，呈鱼鳞状。完工之后，再将其固定到门窗或天窗上就可以了。

明瓦的应用自清末开始衰落。那时，玻璃源源不断地涌入我国，慢慢取代了明瓦。到了民国后期，明瓦已经逐步淡出人们的视野了。现如今，在我国，仅在极少数的园林古建、深宅村落中还保留着一些明瓦窗。比如，在拙政园里的一座名叫见山楼的落地长窗上就保留着古朴的明瓦。海月壳在今天则更多地被用于灯具。

农牧业中的“营养快线”——贝壳粉

顾名思义，贝壳粉就是用贝壳加工成的颗粒状或粉状物。贝壳粉的加工过程很简单，只要将贝壳洗净，再煮沸消毒半个小时，之后将其晒干或烘干，粉碎过筛即可。贝壳粉深受农牧业的欢迎，常常用作禽畜饲料添加剂。禽畜饲养人员在配制饲料时，总会添加一定量的贝壳粉，因为贝壳粉的主要成分是碳酸钙，是天然的钙质添加剂。此外，贝壳粉中还含有硼、铜、锌、钼、镁、钾、磷、锰等元素和蛋白质、氨基酸等有机物质，能够促进禽畜的骨骼生长和血液循环。研究表明，长期食用贝壳粉的禽类，能够明显改善蛋壳的质量，提高产蛋率，提高抗病能力；长期食用贝壳粉的猪，安宁好睡，消化功能强，容易长肉。

并不是所有的贝类都适合加工成贝壳粉服务于农牧业，常见的贝壳粉原料取自牡蛎、扇贝、珍珠贝、贻贝、乌蛤、江珧、蚶和蛤蜊等。其中，牡蛎的应用最为广泛。由于不同贝类的壳的硬度、色泽有一定的差别，所以研磨出来的贝壳粉颜色也不尽相同。通常情况下，贝壳粉呈灰色、灰白色或灰褐色。

贝壳粉，除了可以用作禽畜的饲料添加剂之外，还可以用作农田肥料，疏松改良土壤，中和土壤的酸性。

贝壳研磨

神奇的海贝仿生

仿生学，是生物与技术交叉学科。自古以来，人类从自然界的万事万物中获取了无数的灵感，通过模仿一些生物的形态、结构和功能发明了许多新物体和新技术，极大地丰富和方便了人类的生产与生活。而海贝家族在这方面又为人类社会做出了哪些贡献呢？

章鱼带来的启发

章鱼有着非常惊人的变色能力，能够迅速地将自身颜色与周围的环境协调一致，以隐蔽保护自己或引诱攻击敌人。章鱼的这一特性如果能够用到战士服装、军用战略装备上，势必会提高军队的作战能力。为此，科学家一直在观察研究章鱼，希望有一

章鱼腕足

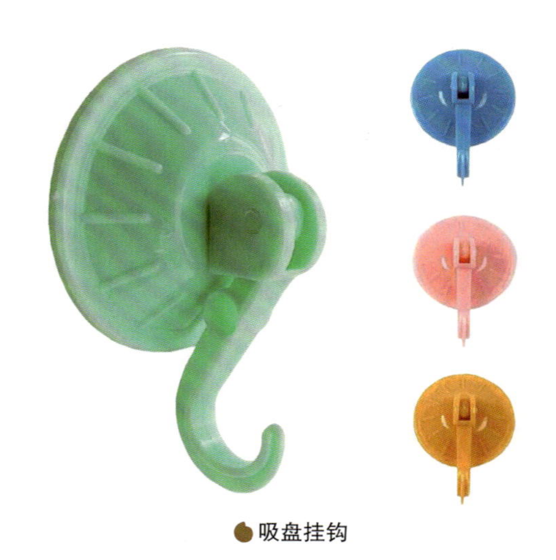

吸盘挂钩

天能够研制出智能变色系统。此外，烟幕弹的诞生也与章鱼有着密不可分的联系。章鱼防身的办法之一就是喷放浓黑的“墨汁”，干扰敌人的视线。根据章鱼喷墨的生理特性，仿生学家受到启发，研制出了有相似功能的烟幕弹。

章鱼除了在军事领域给人们以启发之外，在生活方面也给人们带来了不少灵感。章鱼依靠收缩肌肉来排出吸盘中的水，在吸盘中形成近似真空的环境，造成压力差，从而产生强大的吸力，甚至能吸起重达自身体重20倍的物体。小小的一个吸盘竟有如此大的吸附力！是否可以将这一原理应用到人们的日常生活中呢？为此，仿生学家发明了吸盘挂钩等物件，既方便，又轻巧耐用，深得人们的喜欢。

多数头足纲的软体动物能够依靠漏斗喷水高速前进。它们是运动速度最快的无脊椎动物。

某些鱿鱼，如太平洋褶柔鱼，还是软体动物中优秀的“飞行员”。太平洋褶柔鱼，又叫真鱿鱼、北鱿、火箭鱼等，英文名为common flying squid，分布广泛，可食用，是全世界捕获量最大的一种头足动物。太平洋褶柔鱼可

乌贼

喷水式冲锋舟

以跃出海面数米，飞行数十米。其飞行速度可超过10米/秒。太平洋褶柔鱼的飞行也是通过漏斗高压喷水、鳍运动助力来实现的。

在得知头足纲软体动物拥有神奇的“喷射发动机”之后，科学家对其展开了细致的研究。经过反复试验，最终研发了喷水船。这种喷水船的运动方式与头足纲软体动物的运动方式极为相似，在船体内装有水泵，通过小口径的喷射管将储水箱中的水从船尾高速喷射出去，以形成巨大的推动力，推动船体快速前行。

鹦鹉螺与潜水艇

鹦鹉螺是大自然的杰作，其内部结构非常精妙。鹦鹉螺的壳由一个容纳身体的住室和多个填充气体的气室组成，相邻的壳室由鞍形的隔片分隔，并由一条细管连通。最初鹦鹉

鹦鹉螺剖面

潜水艇

螺的壳只4个壳室。壳室的数量会在鹦鹉螺生长的过程中不断增加。成年鹦鹉螺的壳室有 30 余个。鹦鹉螺可以通过调节住室内的水和气室内的气体来改变自身的浮力，在海里上浮或者下潜。这为潜水艇的设计提供了启发。

鹦鹉螺剖面

小·贴·士

“海洋活化石”——鹦鹉螺

鹦鹉螺是一类头足纲的软体动物，主要分布在印度-太平洋的热带海域中，从海洋表层一直到水深七八百米的海域都有分布。鹦鹉螺有60 ~ 90 条腕。它们的腕没有吸盘，但是在内侧分布着一些平行排列的脊。这些脊在接触到物体表面的时候会产生强大的吸附力。我国已经将鹦鹉螺列为国家一级重点保护野生动物。

鹦鹉螺

鹦鹉螺早在寒武纪晚期就出现了，曾在全球广泛分布。鹦鹉螺和它们的“亲戚”菊石曾是海洋霸主。菊石早已灭绝，鹦鹉螺却顽强延续了下来。现存的鹦鹉螺只有五六个物种。在将近5亿年的时间里，它们的身体构造并未发生明显的改变，被称为“活化石”。

贝海奇韵——精神篇

海贝，这些来自大海的精灵，在方便和丰富人们物质生活的同时，也给予了人们多元化的精神寄托。无论是在人类的民俗生活中，还是在时尚艺术圈都能见到海贝的身影。海贝带给了人们神圣的情怀、别具一格的生活体验和琳琅满目的艺术盛宴。

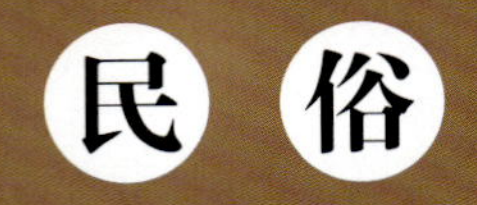

民俗

三层人都强壮起来，三种庄稼都发起来，三种牲畜都兴旺起来。自家盖的大房子，上层房子粮作伴，中层房子人作伴，下层房子牛马作伴。竹皮编的大簸箕，鸡鸭蛋饭摆齐啦，三个海贝肚皮朝上啦，人畜庄稼都好啦。

——哈尼族祈祷词

瑰丽多姿的海贝民俗

远古时期，海贝曾作为人们交易往来的货币，也曾是求神问卜的载体、连通天人的灵物。为了保佑平安，出海打鱼的先民会将贝壳当作避邪的灵物挂在颈项和胸前；为庆祝新生，刚出世的幼儿的手腕或胸前也会佩戴由海贝壳串成的装饰物。随着时光的推移，这些习俗渐渐沉淀在民族的文化当中，进而形成了有当地鲜明特色的文化风俗习惯。

“佛教七宝”之一——砗磲

砗磲壳大，厚重，表面有粗大的放射肋，肋上有鳞片或棘。通常以足丝附着在礁石上生活。在古代，“砗磲”也写作“车渠”。宋代沈括在《梦溪笔谈》中写道：“海物有车渠，蛤属也，大者如箕，背有渠垄如蚶壳，故以为器，致如白玉，生南海。”

大砗磲壳

砗磲念珠

在佛典《佛说阿弥陀经》中，砗磲同金、银、琉璃、玻璃、赤珠、玛瑙一起被列入了“佛教七宝”的行列，砗磲在佛教当中被赋予“清净、无染、平等”的美誉。佛教徒使用砗磲制成的佛珠，认为可消火解厄、避邪镇煞、清除业障、祈福迎祥、增长智慧。佛教信众将砗磲视为供佛灵修的祥瑞之物。

砗磲在基督教中也是神圣的上品，砗磲壳常常被放置在基督教堂中，作为洗礼时用的圣水盆。

碎礫

海贝与占卜习俗

在古代，科学技术并不发达，人们面临一些无法理解的自然现象或遇到抉择时常常会通过占卜来获得答案。早在《易经》中就有用海贝占卜的记载，因为在古人的心中，海贝是神秘的，所以他们认为用海贝占卜能够预测未知。在我国的一些少数民族中，用海贝占卜有很长的历史。

以卜具论，我国的布朗族人惯用的有米卦、鸡骨卦、蜡条卦、鸡蛋卦、刀卦、贝壳卦等，其中，贝壳卦是布朗族人常用的卜卦方式之一。所谓贝壳卦，就是一种用6枚或25枚

布朗族部落的房子

贝壳法器

贝壳占卜凶吉的方法。我国的傈僳族也有用贝壳占卜的习俗。

在国外也存在用贝壳占卜的现象。比如在埃及的一些小镇和乡村，就常常会见到一些从事贝壳占卜的妇女。她们多在路边摆个摊，摊上放一些贝壳、硬币和五颜六色的金属片，为人们就家庭、婚姻、生育等的情况占卜，以赚取一定的收入。

海贝与成丁礼

在一些国家，进入青春期或迈入成年阶段时要举行成丁礼。在这种仪式上往往需要海贝壳的出场。比如在美洲的阿尔衮琴人部落，其成丁礼仪式中有一个环节是用贝壳击打成丁者，还有一个环节是一边向成丁者展示贝壳，一边向他诵读有关该部落的神话和传说。在有些地区的成丁礼上，成丁者需要由年老的族人将贝壳系在他的脖颈上。

云南哈尼族家园——元阳梯田

海螺与农业丰收

在很多国家和地区，海螺有保佑农作物丰收的寓意。为了祈求农业丰收，农民们常常会请祭司来吹奏海螺。例如，在墨西哥的阿兹特克人流传下来的一幅古手卷中，就画着这样一幅场景：百花之神和食物之神同众人一起行进在一支游行队伍当中，而走在这支队伍之前的就是一位吹奏

哈尼族棕扇舞

海螺的祭司。在泰国，当农民们准备播种第一批种子时，就会请祭司来吹奏海螺祈福。在印度马拉巴尔海岸边，当农民们准备采摘第一批水果时，也会请祭司吹奏海螺。

生活在我国云南地区的哈尼族多在每年农历三月播下秧苗之后，举办大型祭祀仪式，以祈祷人和牲畜能够健康强壮，庄稼能够大丰收。在祭祀时，主祭人需要分3轮向盛有祭品的簸箕中丢贝壳，口念祈祷词。丢的贝壳"肚"必须朝上。

海贝与丧葬习俗

早在3万多年前，海贝就已经是人类的陪葬品了。考古学家曾在北京周口店山顶洞古人类遗址中，发掘出了许多贝壳陪葬品。这些贝壳的顶端大多都被磨成了圆孔。为何贝壳能够成为人们惯用的陪葬品呢?

一方面，在古人看来海贝有精神复活的象征意义，能够促进人的再生，将海贝作为陪葬品寄托着古人对于逝者来生转世的祝愿。另一方面，海贝在古人心目中有着较高的地位，因为它一度是权力和地位的象征。海贝曾作为人类贸易往来的货币，将海贝作为陪葬品，不仅能够彰显逝者的尊贵和身份，而且被当时的人们认为能够保障逝者来世过上富足的生活。在我国出土的一些商代墓穴中，地位越高贵，陪葬的贝壳数量就越多。在商代，货贝与环纹货贝十分难得，价值不菲。因此，如果在一座商代墓穴中出土了不少货贝或环纹货贝，那这座墓穴基本上就可确定是有钱人的了。

台湾的贝壳庙

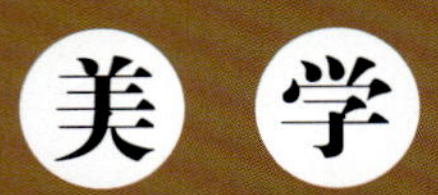

美　学

于是，

你不仅有月的清辉，海的湛蓝，

更有山的英姿，花的奇艳。

呵，生活中还有多少被抛弃的贝壳呀，

需要在磨砺中喷出生命的火焰……

——傅天琳《一只贝壳》

贝壳的美丽“七十二变”

海贝的壳，大小各异、色彩斑斓，极富艺术魅力。在人们的生活中，它们俨然都是天然艺术品。如今无论是在时装饰品还是在居家生活中，贝壳都以它们的天资上演着美丽“七十二变”，为人们的生活增姿添彩。

天然艺术品

大自然不但造就了贝壳或温润或粗粝的质地，还赋予了其浑然天成之美。很多贝壳以其奇妙而独特的造型和漂亮而迷人的花纹，备受收藏家和贝类爱好者的喜爱。

来自五大洲的海贝明星

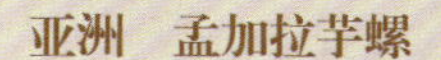

亚洲　孟加拉芋螺

有着纤细的体形以及繁复精致的花纹，深受贝类爱好者的青睐。

欧洲　染料骨螺

因曾被用于生产高级染料而得名，贝壳造型优美，为地中海名产。

大洋洲　大驼足螺

是南太平洋最具特色的海贝之一，常在暴风雨后被冲上海岸，外表奇特，可供收藏观赏。

非洲　百肋竖琴螺

数量稀少，造型独特，好品质的标本售价昂贵，为贝类收藏者追捧。

美洲　角嵌线螺

嵌线螺家族的代表种类，外表夸张奇特，深受贝类收藏者喜爱。

多姿多彩的贝壳
香螺
后藤翁戎螺
樱井珍宝贝
紫金丽口螺
寺町喙宝贝

纵胀环肋螺

长刺螺

南非缘螺

花蜒螺

梯螺

紫壳螺（蚯蚓螺）

穿越时空的美丽

贝壳是人类古老的装饰品之一。早在旧石器时代，北京山顶洞人就拿贝壳来作为他们的装饰品了。那时人们出于爱美之心，将蚶壳串成项链戴在脖子上。可以说贝壳颈饰是人类最古老、沿用时间最长的装饰品，它制作简单，只需要将贝壳串起来即可。此外，山顶洞人还会将贝壳与骨片、兽牙和石块等制成臂饰、腰饰等用来装扮自己。更有一些山顶洞人，为了使贝壳装饰品更显眼、更好看而将它们染成红色。

随着社会文明程度的不断提高，贝壳渐渐成了美丽和财富的象征。人们不再满足于简单粗糙的贝壳装饰物，于是精美的贝壳头饰、臂饰、腰饰甚至马饰等层出不穷。在我国，从旧石器时代到商周时期，人们尤其喜爱用贝壳装扮自己，装点生活。目前在河南洛阳偃师二里头遗址出土了夏代贝片饰和贝制工艺品；在后冈墓葬中出土了商代的一件用金叶、绿松石和贝壳片搭配组合而成的装饰品，在安阳小屯出土的商代的贝壳装饰品有明显的人工切割打磨穿孔的迹象……在周代以前，比较流行的贝壳装饰品主要是由贝壳编串而成的串贝。在当时的人们眼中，串贝是非常美丽的。

商代贝饰

先秦之后，人们大多用贝壳装饰发髻、帽子和腰部等。在《诗经·鲁颂·閟宫》一篇中有这样的记载："公徒三万，贝胄朱綅。"这说的就是鲁公拥有步兵3万，都戴着红线缀贝的头盔。另外，据记载，在我国台湾地区，古代的女人们为了使自己的帽子更漂亮，费尽心思地用各类贝壳来予以装饰。她们用各色的海螺装饰帽面，还在帽檐处缀上许多小型的贝壳。这样，她们在行走或劳作时会发出清脆的响声。宋代，人们也常常将较小的贝壳缀在衣服上或者毡帽上作为饰物。至于腰饰，赵武灵王就喜欢使用有贝壳作为装饰的腰带，而且会赏赐臣子贝饰腰带。

贝壳作为装饰品不仅出现在我国古代，很多地区和国家也流传着这样的活动。在日本古老的故事《竹取物语》中，公主要求她的追求者奉送的礼物中竟然有宝贝。可见在当时，宝贝的魅力有多大。除了日本的公主钟情于宝贝之外，南洋一带的酋长也独爱宝贝，并且将宝贝的壳视为他们的专属装饰品。

小·贴·士

贝壳马饰与贝旗

在古代，人们对马饰非常讲究。所谓马饰，就是指马具上的饰物，贝壳便是其中之一。在商周时期，用贝壳来装饰马具是一种社会习俗。这在古籍中所言的"贝面""缨辔贝勒"中可见一斑。如果想要目睹这些贝壳马饰的风采的话，可以到山东省淄博市临淄区的齐景公殉马坑去看一看。目前，这里已经发掘出了100余匹殉马遗骨，以及一些保存完好的贝壳马饰。这些贝壳马饰主要是用来装饰马的头部和颈部的，织物由丝线串结而成，排布成柿蒂状，形式多样，各具特色。其中有一辆马车衡木的两端各插铜矛一件，铜矛下挂着两条红色织物串起的贝壳饰物。辕两侧的横木上装饰着用大蚌和8个贝壳组成的花朵。可以想象，当时此车应当十分华美。

关于贝旗，最著名的考古发现当属河南淮阳县马鞍冢了。1981年至1983年，河南省文物研究所在这里发现了两座大型楚墓以及两座大型的车马坑。在一座车马坑中，人们发现了一些涂着各种颜色的泥塑马，还发现了6面旌旗。其中，有一面旌旗是由贝壳作为装饰的，人们称它为贝旗。这面贝旗是红色的，一面每组用8枚海贝，另一面每组用4枚海贝，用线缀成花瓣状，十分精美。据说，这面旌旗是用于作战指挥的。它的出土，对于研究战国晚期的旌旗制度提供了全新的一手资料。

在北非和以色列，考古学家发现了一些用贝壳制作的装饰品，据说这些贝饰距今至少有10万年的历史了。现如今，在一些岛国，贝壳仍旧承载着人们对美的追求。在所罗门群岛，人们非常喜欢将贝壳串成精美的串珠戴在头上。在复活节岛上，当地的姑娘至今仍以佩戴贝壳串成的项链为美。另外，当地的酋长除了装扮有美丽的极乐鸟羽毛之外，还会戴上用贝壳制作的装饰品。在进行祭祀时，祭司也多用贝壳作为饰品，他们脖子上戴着用贝壳制作的项链，身上挂着用贝壳制作的饰品，头上还顶着用砗磲壳制成的圆盘额饰。这种圆盘额饰，直径可达10厘米，上面雕刻着鳖甲的图案，非常引人注目。据说，在西太平洋新几内亚岛上，年轻姑娘在出嫁时，依旧需要遵循旧的礼俗，用贝壳饰物把自己的脖颈全部装饰起来。

美在天然的贝壳纽扣

贝壳磨制成的纽扣，是世界上古老的纽扣之一，至今已经有300多年的历史了。之所以人们喜爱贝壳纽扣，是因为其质感润滑，光泽诱人。

并不是所有的贝壳都能够制成纽扣。目前，广泛应用于纽扣制作的贝壳主要有马蹄螺壳、鲍壳以及各种珠母贝，如大珠母贝、马氏珠母贝、黑珠母贝、企鹅珍珠贝的壳。此外，部分蝾螺、虎斑宝贝等的壳也能够被加工成纽扣，但并不常见。

贝壳纽扣十分精美，其制作工艺也不简单。一颗小小的贝壳纽扣，需要经历选贝、冲剪、磨光、抠槽、打孔、车面和磨光漂白7道工序才能完成。为保证贝壳纽扣能够保持天

贝壳纽扣

贝壳纽扣

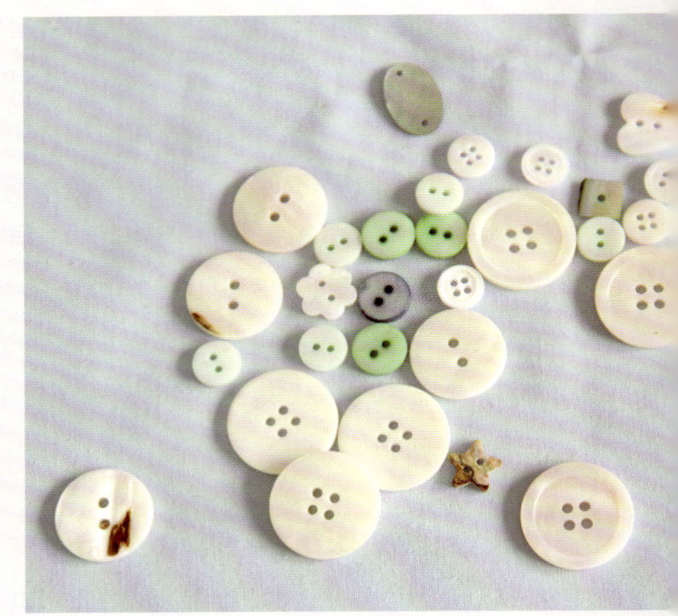

贝壳纽扣

然的光泽和韵味，常常靠手工进行磨制。近年来，贝壳纽扣在时尚界频频亮相，多被用在各类中高档服装。

在贝壳纽扣中，最为名贵的当属大珠母贝纽扣。因为它质地优良、产量少，所以价格高。产于热带和亚热带海域的茶碟贝制作的纽扣，质地细腻，带有柔和的红色光泽，多应用于各类休闲服装。马氏珠母贝的壳光洁润滑、纹理细腻，尤其适合装饰手套和靴子等。

珍珠——低调的奢华

天然珍珠是大自然赐予人类的神奇瑰宝。民间流传着许多有关珍珠的美丽传说，如珍珠是晨露或神女的眼泪形成的。其实，珍珠是这样产生的：贝壳由外到内分主要由贝壳素构成的壳皮层、主要由方解石构成的棱柱层和主要由霰石构成的壳下层。贝类外套膜上有一类特殊的细胞可以分泌蛋白质和钙化合物，负责“造房子”。外套膜的边缘负责“建造”外面两层——壳皮层和棱柱层，皮下层则由整个外套膜分泌而成。对于某些贝类，如果有微小生物、沙粒等异物进入了外套膜与壳之间，异物会刺激外套膜细胞分裂、内陷并不断分泌霰石将异物包裹住，莹润光滑的珍珠就这样形成了。

珍珠，以其迷人的色泽和高雅的气质在首饰和珠宝行业中占有一席之地。珍珠象征着健康、纯洁、富有和幸福，自古以来受到人们的喜爱。天然珍珠因其稀少而且价格昂贵，远远不能满足人们的需要，我们现在看到的珍珠大多是养殖的。珍珠的养殖始于我国宋代，后来传入日本。我国海南岛的周边海域，海水温度适宜、污染小、海洋生物饵料丰富，为珠母贝的生长提供了良好条件，特别是三亚和陵水一带盛产多种珠母贝。

美丽的珍珠，离不开珠母贝的孕育。珠母贝的壳的内表面也跟珍珠一样，散发出柔和的虹彩色泽。因此，珠母贝也常常是时尚艺术家手中的常客，多被打造成各式各样的首饰或奢侈品装饰。近年来，珠母贝制成的各类时尚典雅的装饰品深受都市青年人的喜欢。

串在一起的珍珠

珍珠

在奢侈品行业中，与珠母贝关联较多的是手表行业。由于珠母贝的壳质地坚硬，富有光泽，表面又生有自然简约的纹路，因此腕表工匠常常选用它来制作表盘。卡地亚、香奈儿、肖邦等名贵腕表的表盘中，就有很多是用珠母贝制成的。无疑，设计师们所看重的就是珠母贝带给人们的那种低调、简约的奢华气质。

珠母贝表盘

多彩的珠母贝饰品

贝壳的美丽“七十二变”

贝壳饰品

惟妙惟肖的贝雕

贝壳雕刻，惟妙惟肖，栩栩如生。在海岛居住的人们，喜欢将贝壳雕刻出各式各样的花纹，打造成精美的工艺品。同时，他们也擅长将贝雕与木雕创意结合，使工艺品更富艺术感染力。比如，新西兰的毛利族人习惯将鲍壳镶嵌在木制雕像上当作眼睛；新几内亚岛的居民也常常将贝雕镶嵌在神像之上；在所罗门群岛生活的人们喜欢将贝雕镶嵌在手杖、盛食品的容器、船头上作为点缀。当然，在我国也传承有贝壳雕刻技艺，并且随着时代的发展而与日俱新。

传统艺术瑰宝——螺钿

在我国流传千年的古老工艺中，也有专属贝壳雕刻的传统手工艺——螺钿。螺钿，又名螺甸、螺填、罗钿，是我国的传统艺术瑰宝。何谓螺钿？通俗而言，就是将贝壳经过多道工序加工成花鸟、人物、几何图形或文字样式等的薄片，然后将其装点镶嵌到红木等硬木家具、屏风、乐器、盒匣、盆碟、漆器或雕镂器物的表面，以形成一些美观的富有光泽的图案与花纹。早在秦汉时期，螺钿工艺就已经萌芽了。那时候，随着金属冶炼技术的不断提高与普及，手工艺人利用贝壳天然的色泽，将其打磨成表面平整细滑的薄片，并雕刻上相对简单的鸟兽花纹等图案，然后将这些薄片镶嵌在镜子、铜器、桌椅、屏风之上作为装饰。到了宋元时期，螺钿工艺在民间广为流传，不仅雕刻花色众多，色彩更加绚丽，而且应用更为广泛，甚至在一些文具、烟具、灯等生活用品上都出现了螺钿。明清时期，螺钿更多地被应用于家具

漆嵌螺钿荷塘春晓圆盘

螺钿工艺

之上，一些高级红木家具更是离不开螺钿的装饰。

螺钿工艺经久不衰。在20世纪四五十年代至七八十年代，螺钿工艺得到了全面提升，迈步进入了崭新的时代。工人师傅在继承传统工艺的基础上，吸收了玉雕、木雕、牙雕以及一些国画的技艺，成功研制出了多种螺钿工艺品，包括浮雕形式的螺钿贝雕画，不仅赢得了国人的喜爱，而且大量出口外销，开拓了广阔的国外市场。然而，虽然螺钿工艺愈发受人关注、喜爱，但是真正掌握螺钿技术的手工艺人的状况不容乐观。螺钿制作工艺非常复杂，需要花费很长的时间才能学成，因此少有年轻人选择继承这门传统手工艺。为了将螺钿手工艺很好地传承下去，目前我国已经在着手改善这一不利形势了。

螺钿工艺

螺钿工艺

细致入微的贝壳雕刻

人们常说，贝壳雕刻是贝类工艺品中的“阳春白雪”。顾名思义，贝壳雕刻，就是直接在贝壳上进行雕刻，制成精美的工艺品。因为天然贝壳本身就有独特的外形，美丽的光泽，精致的纹理，所以手工艺人只需根据每个贝壳的特色，因材施艺，就可以雕刻出独一无二的工艺品了。手工艺人充分利用贝壳原有的自然美，施以圆雕、浅刻、浮雕、平贴、镶嵌等技法，使得贝雕作品既能够保留恰到好处的原始美，又能够彰显耐人寻味的人工艺术魅力。

在英国、意大利、荷兰、美国等国家，都有贝壳雕刻的传统。文艺复兴时期，意大利工匠就曾利用贝壳，采用多种雕刻技法，制作出了带有浮雕式的侧面肖像的小徽章、胸针和首饰等。在19世纪末期，那不勒斯甚至还成立了专门教授贝壳、珊瑚雕刻技艺的学校。直到今日，那不勒斯的珍珠贝浮雕侧面肖像徽章仍然是世界闻名的手工艺精品。

在我国，贝壳雕刻艺术也源远流长。贝壳雕刻主要集中

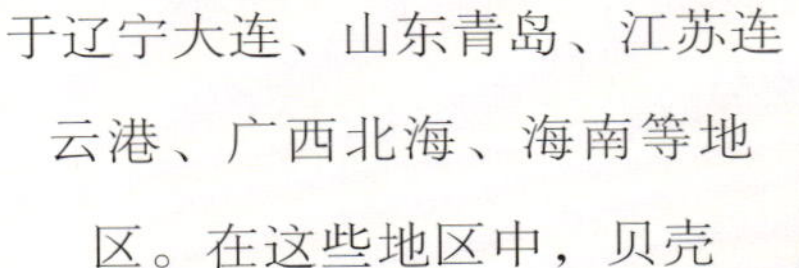
于辽宁大连、山东青岛、江苏连云港、广西北海、海南等地区。在这些地区中，贝壳

贝壳雕刻作品

雕刻各有千秋。比如，海南的贝壳雕刻工艺早在明代时期就已经颇具水平了，随着雕刻技艺的不断发展，人们渐渐融合了椰雕艺术的精华，进而形成了海南贝雕的独特风格。一般来说，现在常见的海南贝雕，大多是与椰雕镶嵌、拼合而成的。古朴素雅的椰雕与明艳典雅的贝雕相配，二者形成的强烈视觉冲突，倒也成就了一番别样的艺术感受。与海南的贝壳雕塑相比而言，青岛的贝壳雕塑较为年轻一些。青岛贝雕出现于20世纪60年代初期，是在继承螺钿技艺的基础上发展起来的，主要以珍稀螺壳为原料，经过选料、破形、粗磨、雕琢、贴、喷、画、组合等多道工艺雕刻出规格繁多、花色多样的贝雕工艺产品。到目前为止，青岛贝雕产业已经发展出了七大系列、近千种花色的贝壳雕塑了，涵盖人物、花鸟、山水、静物等题材，青岛贝壳雕塑渐渐形成了独特的艺术风格。比较著名的青岛贝壳雕刻作品有《九龙壁》《龙舟》《龙凤宝瓶》《珍贝镶嵌双面座屏》等大型立体摆件等。

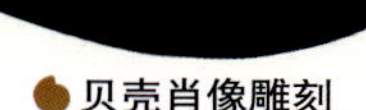

贝壳肖像雕刻

贝壳雕刻作品

精美绝伦的贝雕画

对于能工巧匠来说，一堆优质的贝壳既可以摇身变为精致的雕塑，也可以变身为一幅幅蕴含人类智慧的贝雕画。例如，一枚绿绿的江瑶壳，可以打造成花叶或丛林；一枚红红的鸡心螺壳，可以打造成枫树叶子或花瓣；一枚内壁是紫色的货贝壳，可以制作成熟透的葡萄；一枚黑色的螺旋状贝壳，可以制作成仕女的发髻；而一些洁白通透的珠母贝壳，则可以制作成仕女的衣裙；仅仅合理构图，将这些贝壳制成的元素巧妙地粘贴在一起，便可以制成一幅《仲夏仕女图》了。

贝雕画是工艺美术百花园中的珍品，也是沿海地区常见的传统工艺品。在我国，贝雕画主要产于辽宁大连、山东青岛、广西北海、广东、福建等地。它以贝壳为材料，巧取其自然的形状以及色泽，经过精心选料、雕刻、琢磨、组装等工序制成。它的题材广泛，内容丰富，借鉴了中国画的章法，构图简练；其雕刻技艺则吸取了玉雕、牙雕、镶嵌等艺术的特长，制作精巧，作品风格华丽。

贝雕画

贝壳，落入人间的灵感浪花

“天然，是贵族的设计。大自然是艺术创作的灵感泉源。我们最理想的创作方式，莫过于利用大自然中已有的一些近乎完美的事物，而后再把我们的想法融入其中。”丹麦著名家具设计师汉斯这样说过。来自大海的贝壳，带着大自然的奇思妙想，带给作家、艺术家们无限的创作灵感。

文海拾贝

在古今中外的文学作品中，以贝壳为素材的作品不在少数，如闻捷的《彩色的贝壳》、鲁藜的《贝壳》。贝壳带给作家无穷的灵感和想象空间，成就许多名文美作。

宝贝科的贝壳，多数体形娇小，身披釉质，光亮如瓷。其中那些乳白色的宝贝，其色泽很像人类白净健康的牙齿。一些文学家受此启发，在描述笔下的人物牙齿时，就选择以贝为喻，传神地表述人物牙齿之洁白美观。楚国辞赋家宋玉在《登徒子好色赋》中，就用“齿如含贝”4个字形象生动地描绘了一位绝色美女的牙齿。其文为：“天下之佳人莫若楚国，楚国之丽者莫若臣里，臣里之美者莫若臣东家之子。东家之子，增之一分则太长，减之一分则太短；着粉则太白，施朱则太赤；眉如翠羽，肌如白雪；腰如束素，齿如含贝；嫣然一笑，惑阳城，迷下蔡。”

在不同作者的笔下，贝壳的形象、所代表的命运以及作者对待贝壳的感情态度也迥然不同。

美国诗人、幽默作家奥利弗·温德尔·霍姆斯，创作过一首颇受19世纪读者喜欢的诗歌——《洞穴里的鹦鹉螺》。据说霍姆斯在创作这首诗歌前，观察过许多贝壳，并从贝壳千奇百怪的形状中获得了一些人生哲理。他认为许多呈螺旋状的贝壳，其长势都是不断螺旋向上的，最终都长出了一个尖角，这就跟人的生命很相似：每成长一步，人就会离自己的内心更近一步，最终都会走向灵魂深处，熟知自己，走向永生。相比较一般的海贝，霍姆斯似乎对鹦鹉螺更情有独钟，因为他发现，鹦鹉螺体内的气室，一个连着一个，并且一个比一个空间更大，与人类的生命发展、追求更为相像。

洞穴里的鹦鹉螺

[美] 奥利弗·温德尔·霍姆斯

年复一年见它沉默地耕耘

扩展那闪光的螺盘

静静地，螺线在延长

离别旧居它启程去追求新的寓所

轻步穿过闪光的拱道

修起虚掩的家门

在最后建立的家里舒展筋骨

它不再记得旧居的模样

哦，我的灵魂，当轻盈的四季匆匆掠过

再为你修起更加华丽的大厦

离开你那鄙陋的过去

让每一座新的殿堂都比以往更加华丽

让更宽广的拱顶将你与天空相分离

直到最后你自由了

让永无休止的生命汪洋为你脱去陈旧的躯壳

贝　壳

席慕蓉

在海边，我捡起一枚小小的贝壳。贝壳很小，却非常坚硬和精致。回旋的花纹中间有着色泽或深或浅的小点。如果仔细观察的话，在每一个小点周围又有着自成一圈的复杂图样。怪不得古时候的人要用贝壳来做钱币，在我手心里躺着的实在是一件艺术品，是舍不得拿去和别人交换的宝贝啊！

在海边捡起这一枚贝壳的时候，里面曾经居住过的小小柔软的肉体早已死去，在阳光、砂粒和海浪的淘洗之下，贝壳中生命所留下来的痕迹已经完全消失了。但是，为了这样一个短暂和细小的生命，为了这样一个脆弱和卑微的生命，上苍给它制作出来的居所却有多精致、多仔细、多么地一丝不苟啊！

比起贝壳里的生命来，我在这世间能停留的时间和空间是不是更长和更多一点呢？是不是也应该用我的能力来把我所能做到的事情做得更精致、更仔细、更加的一丝不苟呢？

请让我也能留下一些令人珍惜、令人惊叹的东西来吧。在千年之后，也许会有人对我留下的痕迹反复观看，反复把玩，并且会忍不住轻轻地叹息：“这是一颗怎样固执又怎样简单的心啊！”

维纳斯的诞生

维纳斯与贝壳之美

在清晨宁静的气氛中，从海洋中诞生的维纳斯站在漂浮于海面的贝壳上，左边是花神和风神在吹送着维纳斯，使贝壳徐徐漂向岸边；右边是春神手持用鲜花装饰的锦衣在迎接

嵌条扇贝

骨螺（维纳斯骨螺）

维纳斯。这是波提切利在名画《维纳斯的诞生》中所描绘的场景。这位象征爱与美的女神于一只巨大贝壳中诞生，从海洋步入大陆。这只巨大的贝壳就是欧洲大扇贝。

其实，与维纳斯有关的贝壳不只有大扇贝。传说维纳斯从海里诞生的时候头发是湿的，她走到岸边发现了长着长刺的骨螺，就用骨螺梳理头发。后来西方人就把这种骨螺命名为维纳斯骨螺。维纳斯骨螺造型奇特，尖长的刺排列整齐，优雅而神秘。

巧思贝艺——贝壳拼贴艺术装饰画

拼贴画又名剪贴画。它是以各种材料拼贴而成的装饰艺术品。在我国，拼贴画属于工艺美术范畴，常用的材料有贝壳、羽毛、树皮、布帛、皮毛、通草、麦秆等。这些拼贴画充分发挥各种材料的色泽和纹理等特性，具有民族特色和装饰美感。拼贴装饰画的特点是色彩鲜艳，造型生动，构图粗犷、简练、夸张，富有艺术特有的装饰味。作品既可表现传统的内容，也可以表现现实的题材，尤其适合表现人与动物的各种生活形象、风景和静物等。

山东胶州市少海小学师生贝壳拼贴作品展

《绽放》 赵娜

《玉兰》 邓国红

《美丽的花儿》 范丽

《小小花篮》 匡凤彩

《春暖花开》刘晓梦

《少海碧波》 匡凤彩

《阳阳》 宋立

《少海连樯》 刘晓霞

《格格》 宋立

《南国风光》 楚晓蕾

《海底世界》 刘晓霞

《少海花开》 楚晓蕾

海贝题材的美术作品欣赏

海贝的“方寸世界”

邮票的方寸空间，常常体现了一个国家或地区的历史、科技、经济、文化、风土人情、自然风貌等特色，这让邮票不仅是邮资凭证，还具有收藏价值。邮票中，不乏以海贝为图案者。集邮是一项非常高雅的爱好。收集贝类邮票取代对活体贝类的采捕是值得提倡的。

贝壳邮票

海贝题材的雕塑艺术

女孩与海贝

海螺雕塑

建筑领域

在建筑行业，海贝带给人们的惊喜也很多。大名鼎鼎的悉尼歌剧院远看就像依序排列的竖立的贝壳，栩栩如生，和周围的海景相呼应。

坐落于青岛西海岸新区的青岛东方影都，外观就像一只五颜六色的鹦鹉螺，曲线流畅、形态动人。

悉尼歌剧院

青岛东方影都

合上这本书，你一定会发现，原来那么多种海贝既美味又可以入药，原来在古代海贝曾作为货币使用，原来海贝壳可以用来制作精美的首饰和工艺品……海贝与人类的关系是这般的紧密，其实这份关联用本书百页上下的篇幅还不足以全部言明。对于很多人特别是海边的人、爱海的人来说，“海贝”这两个字已经融入他们的日常生活，深深地流淌在了他们的血脉里……

图书在版编目（CIP）数据

海贝与人类 / 杨立敏主编．—青岛：中国海洋大学出版社，2015.5（2023.8重印）
（神奇的海贝 / 张素萍总主编）
ISBN 978-7-5670-0839-7

Ⅰ.①海… Ⅱ.①杨… Ⅲ.①贝类－关系－人类－普及读物 Ⅳ.①Q959.215-49

中国版本图书馆CIP数据核字（2015）第043231号

HAIBEI YU RENLEI
海贝与人类

出 版 人　杨立敏
出版发行　中国海洋大学出版社有限公司
社　　址　青岛市香港东路23号
网　　址　http://www.ouc-press.com　　邮政编码　266071
责任编辑　郭　利　孙玉苗　电话 0532-85901040　　电子信箱　94260876@qq.com
印　　制　青岛正商印刷有限公司　　订购电话　0532-82032573（传真）
版　　次　2015年5月第1版　　印　　次　2023年8月第4次印刷
成品尺寸　185 mm × 225 mm　　印　　张　8
字　　数　64千　　定　　价　23.80元

发现印装质量问题，请致电 18661627679，由印刷厂负责调换。